PEIDIAN DIANLAN SHIGONG PEIXUN JIAOCAI

配电电缆施工
培训教材

浙江大有集团有限公司　组编

中国电力出版社
CHINA ELECTRIC POWER PRESS

内容提要

　　本书主要针对电力行业配电电缆施工作业展开，内容包括电缆终端头制作安装、电缆中间接头制作安装、电缆交流耐压试验、介质损耗测量、局部放电检测和故障测寻等，并针对各部分作业的工艺流程、工艺质量和注意事项等进行了深入分析和讲解。

　　本书图文并茂、通俗易懂，可以作为电网企业配电电缆施工入职教育培训教材，也可以作为配电网施工人员开展作业的参考材料。

图书在版编目（CIP）数据

配电电缆施工培训教材 / 浙江大有集团有限公司组编 . — 北京：中国电力出版社，2024.5
ISBN 978-7-5198-8814-5

Ⅰ . ①配…　Ⅱ . ①浙…　Ⅲ . ①配电线路 – 电缆 – 工程施工 – 技术培训 – 教材
Ⅳ . ① TM726.4

中国国家版本馆 CIP 数据核字（2024）第 077333 号

出版发行：中国电力出版社
地　　址：北京市东城区北京站西街 19 号（邮政编码 100005）
网　　址：http://www.cepp.sgcc.com.cn
责任编辑：穆智勇
责任校对：黄　蓓　王海南
装帧设计：张俊霞
责任印制：石　雷

印　　刷：北京雁林吉兆印刷有限公司
版　　次：2024 年 5 月第一版
印　　次：2024 年 5 月北京第一次印刷
开　　本：710 毫米 ×1000 毫米　16 开本
印　　张：12.25
字　　数：179 千字
定　　价：72.00 元

编委会

主　　编　陈高辉

副　主　编　李逸荣　王　奇　沈章尧

编写组成员　赵海荣　厉律阳　徐欢腾　沈　伟　余志慧
　　　　　　裘军良　袁永军　张国连　宋　晔　郑经纬
　　　　　　董　涛　祁　悦　吴逸楠　张　青　马　炜
　　　　　　秦　琨　胡冬良　李　阳　伍耘湘　葛艳艳
　　　　　　许　锋　刘　聪　吴淼斌　王鑫杰　金臣文
　　　　　　宋海胜　马金伟　谌庆芳　马洪伟　缪海燕
　　　　　　吴维清

前言

随着电力行业的快速发展和电力设备的更新换代，配电电缆施工技术的重要性也日益突显。作为电力输配领域中不可或缺的一环，配电电缆施工技术的提高，对电力输配设施的安全、可靠运行具有重要意义。因此，迫切需要系统总结配电电缆施工的经验和技术，帮助从业人员掌握实用的施工方法和技能。

本教材内容涉及配电电缆施工的各个方面，包括10kV冷缩电缆终端头制作安装、10kV冷缩电缆中间接头制作安装、10kV预制式肘型电缆终端头制作安装、电缆交流耐压试验、电缆超低频介质损耗测量、电缆振荡波局部放电检测、电缆线路故障测寻、配电电缆绝缘电阻测量、电缆敷设等内容。特点是系统全面，实用性强，理论与实践相结合，内容紧密结合实际施工，便于读者理论学习与实际操作相结合。

本教材适合配电电缆施工从业人员、相关专业学生以及电力行业的管理者和技术人员阅读，并可作为培训教材使用。建议读者在学习过程中注重理论联系实际，结合本教材所学知识进行实际操作，以便更好地掌握相关技能。如无特殊说明，书中图片尺寸单位均为毫米（mm）。

在教材编写过程中，很多专家、学者和同行为本教材提供大量帮助和支持，在此表示感谢。

由于编者的时间和水平所限，书中不足之处在所难免，欢迎读者提出宝贵意见和建议，共同完善本教材。

编者

2024年4月

SEQUENCE

目录

CONTENT

第一章

电缆附件安装通用部分

第一节　电缆附件安装基本要求

一、安装环境要求

（1）电缆终端施工所涉及的场地［如高压室、开关站、电缆夹层、户外终端杆（塔）等］，以及电缆接头施工所涉及的场地［如工井、敞开井或沟（隧）道等］的土建工作及装修工作应在电缆附件安装前完成。施工场地应清理干净，没有积水、杂物。

（2）土建设施设计应满足电缆附件的施工、运行及检修要求。

（3）电缆附件安装时应控制施工现场的温度、湿度与清洁度。温度宜控制在0～35℃，相对湿度应控制在70%及以下，或以供应商提供的标准为准。当浮尘较多、湿度较大或天气变化频繁时应搭制附件工棚进行隔离，并采取适当措施净化工棚内施工环境。

二、安装质量要求

（1）电缆附件安装质量应满足以下要求：

1）导体连接可靠；

2）绝缘恢复满足设计要求；

3）密封防水牢靠；

4）防机械振动与损伤；

5）接地连接可靠且符合线路接地设计要求；

6）应满足工井或电缆通道防火封堵的要求，并与周边环境协调。

（2）电缆附件安装范围的电缆必须校直、固定，还应检查电缆敷设弯曲半径是否满足要求。此外，电缆接头应与其他邻近电缆和接头须保持足够的安全距离，必要时应采取防爆、防水措施。

（3）电缆附件安装时应确保接地缆线连接处密封牢靠，防潮气进入。

（4）电缆终端安装完成后应检查相间及对地距离是否符合设计和安全要求。

三、安全环境要求

（1）电缆附件安装安全措施应符合《国家电网有限公司电力安全工作规程第8部分：配电部分》《国家电网公司电力安全工作规程（电网建设部分）（试行）》等有关规程的相关规定。

（2）电缆附件安装消防措施应满足施工所处环境的消防需求。施工现场应配备足够的消防器材，施工现场动火应严格按照有关动火作业消防管理规定执行。

（3）电缆接头应与其他邻近电缆和接头保持足够安全距离，必要时应采取防爆、防水措施。

（4）电缆附件施工完成后，应拆除施工用电源，清理施工现场，分类处理施工垃圾，确保施工不污染环境。

（5）电缆附件安装如处在交通环境里，应先做好安全隔离措施，设置警示装置，作业人员应穿戴反光背心。

四、环境保护要求

电缆附件安装完毕应做到工完料净、场地清。电缆附件头施工完毕后，应拆除施工用电源，清理施工现场，分类存放回收施工垃圾，确保施工环境无污染。

五、危险点分析

（1）挂接地线时，误登同塔架设的10kV架空线，以及没有使用合格10kV

验电器验电，强行盲目挂地线伤人。

（2）接地线不合格。如：电压等级不符、截面过小、接地棒的绝缘电阻不合格、缠绕接地、或挂接地线顺序错误。

（3）电缆拆、接引线时，感应电触电，高处坠落物体伤人或登高人员坠落。

（4）工作人员思想波动较大，情绪反常，身体状况不佳，心理不正常。

（5）与带电线路、同回路线路未保持足够的安全距离。

（6）电缆终端头制作前准备工作不落实，另一端未可靠接地，感应触电。

（7）抬运物件时挤压，施工过程中物体砸伤。

（8）使用液化气枪时烫伤。

（9）移动电气设备未可靠接地，低压触电、漏电伤人。

（10）易燃物起火。

（11）电缆附件主要部件受潮或损伤。

（12）使用方法不当，机具、器具伤人。

（13）高空坠物或接地不良、雷击触电。

（14）吊装时绑扎不牢，起吊方式不当；现场未设监护人，指挥不当。

（15）传递物件时抛递抛接。

（16）高温天气未采取防暑措施，寒冷天气未采取保暖措施。

（17）施工现场未设围栏，未悬挂"在此工作"标示牌。

六、安全措施

（1）与带电线路、同回路线路保持足够的安全距离。

（2）装设接地线时，应先接接地端，后接导线端，接地线连接可靠，不准缠绕，拆接地线时的程序与此相反。

（3）工作人员思想稳定，情绪正常，身体状况良好，心理正常。

（4）制作电缆终端头前，应先搭好临时工棚，工作平台应牢固、平整并可靠接地，在带电区域搭设工棚应保证足够的安全距离。

（5）施工现场必须配置2只专用灭火器，并有专人值班，做好防火、防溃、防盗措施。

（6）施工现场必须设置专用保护接地线，且所有移动电气设备外壳必须可靠接地。认真检查施工电源，杜绝漏电伤人，正确按设备额定电压正确接线。

（7）施工现场设置专用垃圾桶，施工后废弃带材、绝缘胶或其他杂物应分类回收、集中处理，严禁破坏环境。

（8）制作电缆终端头前，要核对电缆主芯相位。

（9）制作电缆终端头前，应对电缆留有足够的余线，并检查电缆外观无损伤。电缆主绝缘不能受潮，如果进潮，必须进行抽真空充氮除潮处理。

（10）抬运电缆附件人员应相互配合，轻抬轻放，防止损物伤人。

（11）制作电缆终端头时，传递物件必须递接递放，不得抛接。

（12）用刀或其他切割工具时，正确控制切割方向；用电锯切割电缆时，工作人员必须带保护眼镜，打磨绝缘时，必须佩戴口罩。

（13）使用液化气枪前应先检查液化气瓶减压阀是否漏气或堵塞，液化气管不能破裂，确保安全可靠。

（14）液化气枪点火时，火头不准对人，以免人员烫伤，其他工作人员应与火头保持一定距离。

（15）液化气枪使用完毕应放置在安全地点，冷却后装运。液化气瓶要轻拿轻放，不能同其他物体碰撞。

第二节　电缆附件安装质量控制要点

电缆附件的安装工作是一个极具流程性、专业性的工作，由于施工作业过程步骤多，工艺要求繁琐，且各步工艺质量要求高，所以对流程各部进行管理控制是非常必要的。电缆附件安装质量控制要点详见表1-1。

表 1-1 电缆附件安装质量控制要点

工序	控制要点	操作事项	工作要求
施工准备工作	确保人员具备相应技能	培训作业人员	完成人员技能培训工作，持证上岗
	确保工器具完备可用	检查工器具	完成工器具检查工作
	确保产品质量合格	验收附件材料	完成材料验收工作
	确保安装人员掌握施工工艺流程	施工工艺交底	完成施工人员现场交底
	确保现场环境安全和谐	现场环境控制	制订现场环境控制方案
切割电缆及电缆护套的处理	确保后续工序施工	剥除电缆外护套	符合工艺图纸要求，无防腐剂残余
		去除石墨层/外护套半导电层	长度符合工艺图纸要求
		剥除金属护套	符合工艺图纸要求，无金属末残余
	确保金属护套可靠接地	铝护套搪底铅	严格控制温度，去除表面氧化层，确保接触良好
电缆加热校直处理	防止电缆过热	控制好电缆绝缘温度	电缆绝缘不得过热，建议通过试验确定，一般厂家推荐在 75~80℃
	确保加热校直效果	有充足时间加热校直	加热校直时间不宜过短，建议通过试验确定，一般推荐 3h 以上
		减少电缆弯曲度	小于 2~5mm/400mm
电缆主绝缘预处理	确保电缆主绝缘表面光滑，提高界面击穿场强	主绝缘表面用砂纸精细加工	用至少 400 号以上绝缘砂纸进行打磨
		外半导电与主绝缘层的台阶形成平缓过渡	按照附件厂商工艺尺寸进行处理
		主绝缘直径与应力锥尺寸匹配	检查主绝缘直径与应力锥尺寸相配
安装主体附件	确保主体附件正确顺利安装在预定位置	确认最终安装位置	符合工艺尺寸的要求

续表

工序	控制要点	操作事项	工作要求
压接金具	确保电缆导体连接后能够满足电缆持续载流量及运行过程中机械力的要求	用压接模具压接，将电缆导体连接	线芯、金具及压接模具三者匹配，确保压力和压接顺序
		接管表面进行打磨	接管表面光滑无毛刺
安装套管及金具	确保电缆附件的密封	确认附件密封性能	确认密封圈型号规格匹配，并完全放入密封槽内，符合螺栓拧紧力矩要求
接地与密封处理	确保电缆金属护套可靠接地，并确保实现电缆附件密封防水	确认接地与密封	根据设计要求，完成金属护套恢复及接地工作
			根据工艺图纸要求进行密封处理

第二章

10kV 冷缩电缆终端头制作安装

　　本章通过图解示意、流程介绍和工艺要点归纳，介绍 10kV 冷缩电缆终端头制作程序和工艺要求。并通过安装实例讲解，详细介绍 10kV 冷缩电缆终端头安装作业条件和具体操作步骤。

第一节 工艺流程、工艺质量和安全控制要点

一、10kV冷缩式电力电缆终端头制作工艺流程

10kV冷缩式电力电缆终端头制作工艺流程如图2-1所示。

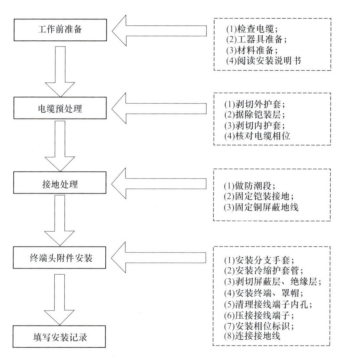

图2-1 10kV冷缩式电力电缆终端头制作工艺流程图

二、工艺质量和安全控制要点

1.剥除外护套、铠装、内护套

（1）制作电缆终端头时，应尽量垂直固定，对于大截面电缆终端头，建议在杆塔上进行制作，以免在地面制作后吊装时造成线芯伸缩错位、三相长短不一，使分支手套局部受力损坏。

（2）剥除外护套。应分两次进行，以避免电缆金属铠装层铠装松散。先将电缆末端外护套保留100mm，然后按规定尺寸剥除外护套，要求断口平整。外护套断口以下100mm部分用砂纸打毛并清洁干净，以保证分支手套定位后密封性能可靠。

（3）剥除金属铠装层。绑扎固定金属铠装层的金属扎丝或恒力弹簧，其缠绕方向应与金属铠装层的缠绕方向一致，使铠装越绑越紧不致松散。绑线用直径2.0mm的铜线，每道3~4匝。锯金属铠装层时，其圆周锯痕深度应均匀，不得锯透，不得损伤内护套。剥金属铠装层时，应首先沿锯痕将铠装卷断，铠装断开后再向电缆端头剥除。金属铠装层断口应平齐，对于金属铠装层断口的尖刺及残余金属碎屑要进行清理。

（4）剥除内护套及填料。在应剥除内护套处用刀子横向切一环形痕，深度不超过内护套厚度的一半。纵向剥除内护套时，刀子切口应在两芯之间，防止切伤金属屏蔽层。剥除内护套后应将金属屏蔽层末端用聚氯乙烯胶黏带扎牢，防止松散和避免毛刺伤人。切除填料时刀口应向外，防止损伤金属屏蔽层。

（5）分开三相线芯时，不可硬行弯曲，以免金属屏蔽层褶皱、变形。金属屏蔽层因过度弯曲而造成的褶皱和变形一般无法恢复，直接影响其搭接面积，改变导电率，也可能会对绝缘套管造成刺伤。

2. 固定接地线，绕包密封填充胶

（1）用恒力弹簧将两条接地编织带分别固定在金属铠装层的两层钢带和三相金属屏蔽层上。金属铠装层和金属屏蔽层与地线接触部位应用砂纸打毛，在恒力弹簧外面必须绕包几层PVC胶带，保证金属铠装层与金属屏蔽层之间相互绝缘。

（2）自外护套断口向下40mm范围内的铜编织带必须做不少于30mm的防潮段，同时在防潮段下端电缆上绕包两层密封胶，将接地编织带埋入其中，提高密封防水性能。安装在铠装层和金属屏蔽层的接地编织带之间必须保证绝缘，安装时错开一定角度，方便后期运行时加以区分，建议将最大截面积的接地编织带用于金属屏蔽层接地。

（3）电缆内、外护套断口处要绕包填充胶，三相分叉部位空间应填实，绕包体表面应平整，绕包后外径必须小于分支手套内径。

3. 安装分支手套

（1）电缆三叉部位用填充胶绕包后，根据实际情况，上半部分可半搭盖绕包一层PVC胶带，以防止内部粘连和抽塑料衬管条时将填充胶带出。但填充胶绕包体上不能全部绕包PVC胶带。

（2）冷缩分支手套套入电缆前应事先检查三指管内塑料衬管条内口预留是否过多，注意抽衬管条时，应谨慎小心，缓慢进行，以避免衬管条弹出。

（3）分支手套应套至电缆三叉部位填充胶上，必须压紧到位，检查三指管根部，不得有空隙存在。

4. 安装冷缩护套管

（1）安装冷缩护套管，抽出衬管条时，速度应均匀缓慢，两手应协调配合，以防冷缩护套管收缩不均匀易造成拉伸和回缩。

（2）护套管切割时，必须绕包两层PVC胶带固定，圆周环切后才能纵向剥切，剥切时不得损伤金属屏蔽层，严禁在无包扎的情况下切割。

5. 剥切金属屏蔽层、外半导电层

（1）金属屏蔽层剥切时，应用镀锡铜绑线扎紧或用恒力弹簧固定，切割时，只能环切一刀痕，不能切透，避免损伤外半导电层。剥除时，应自刀痕处撕剥，断口形成后才向线芯端部移除。

（2）外半导电层剥除时，先用电缆刀在预定位置横向切一环痕，再纵向轻划三至四道刀痕，均不得损伤主绝缘层，用钢丝钳从电缆端部分离外半导电层与主绝缘层，将外半导电窄条分多次剥除。需要注意的是，剥除至环切部位时应横向撕除，防止保留的外半导电层起皮。

（3）外半导电层剥除后，绝缘表面必须用细砂纸打磨，去除嵌入在绝缘表面的半导电颗粒。有条件的还可以采用粗布进一步抛光。

（4）外半导电层端部切削打磨斜坡时，注意不得损伤绝缘层。打磨后，外半导电层端口应平齐，坡面应平整光洁，与绝缘层圆滑过渡。应无目视可见的颗

粒、划痕、杂质、凹槽或凸起。

6.剥切线芯绝缘、内半导电层

（1）割切线芯绝缘时，注意不得损伤线芯导体；剥除绝缘时，应顺着导线绞合方向进行，不得使导体线芯散股。

（2）内半导电层应剥除彻底，不得留有残迹。

（3）绝缘端部应力处理前，用PVC胶带黏面朝外将电缆线芯端头包扎好，以防倒角时伤到导体。

（4）仔细检查绝缘层，如有半导电粉末、颗粒或较深的凹槽等，则必须再用细砂纸打磨干净。应无目视可见的颗粒、划痕、杂质、凹槽或凸起。

（5）清洁绝缘层时，必须用清洁纸，从绝缘层端部向外半导电层端部方向一次性清洁绝缘和外半导电层，以免把半导电粉末带到绝缘上。

7.装终端、罩帽

（1）安装终端头时，用力将终端套入，直至终端下端口与标记对齐为止，注意不能超出标记。

（2）在终端与冷缩护套管搭接处，必须绕包几层PVC胶带，加强密封。

（3）套入罩帽时，将罩帽大端向外翻开，必须待罩帽内腔台阶顶住绝缘后，方可将罩帽大端复原罩住终端。

（4）按系统相色包缠相色带。

8.压接接线端子，连接接地线

（1）压接前应检查核对连接金具和压接模具，选用合适的接线端子、压接模具和压接机；接线端子压接前应检查接线端子与导体是否平直。

（2）把接线端子套到导体上，必须将接线端子下端防雨罩，罩在终端头顶部裙边上。接线端子压接前应检查接线端子与导体是否平直。

（3）压接时，将电缆导体端部圆整后，充分插入端子圆筒内，再进行压接。接线端子必须和导体紧密接触，按先上后下顺序进行压接。最后压接接地端子与地网连接必须牢靠。

（4）压接接地端子，并与地网连接牢靠。

（5）固定三相，应保证相与相（接线端子之间）的距离满足：户外终端不小于200mm，户内终端不小于125mm。

9.安全控制要点

（1）作业区域远距离取电时，应选用带漏电保护器且功率满足要求的移动电缆盘，并做好电源线保护措施。

（2）搬运电缆附件时，施工人员应相互配合，轻搬轻放，不得抛接。

（3）用刀或其他切割工具时，正确控制切割方向。

（4）吊装电缆终端头时，应保证与带电设备安全距离。

第二节　作业前准备

一、工器具和材料准备

（1）电缆附件安装前，应做好施工用工器具检查，确保工器具齐全完好、干净整洁、便于操作。

（2）电缆附件安装前，应做好施工用电源及照明检查，确保施工用电源及照明设备能够正常工作。

（3）检查电缆，应符合下列要求：

1）电缆无受潮进水、绝缘偏心、明显的机械损伤等缺陷；

2）电缆相位正确，主绝缘及内、外护套试验合格。

（4）检查电缆附件材料，应符合下列要求：

1）电缆附件规格应与电缆匹配，零部件应齐全、无损伤，绝缘材料不应受潮、过期。

2）各类消耗材料应备齐。

（5）电缆附件安装现场作业指导书、合格证等资料应齐全。

10kV冷缩电缆终端头制作安装所需工器具和材料见表2-1和表2-2。

表 2-1　　　　　　　　10kV 冷缩电缆终端头制作安装所需工器具

序号	名称	规格	单位	数量	备注
1	常用工具		套	1	电工刀、钢丝钳、螺丝刀、卷尺、油漆笔、工具箱、刀片、PVC 管切刀
2	绝缘电阻表	500V/2500V	块	1/1	
3	电环锯		把	1	
4	液压钳		把	1	压接模具若干：70、240、300mm^2
5	手锯		把	1	
6	锉刀	平锉 / 圆锉	把	1/1	
7	电源延长线		卷	1	
8	工作灯	200W	盏	4	
9	手电筒		个	1	
10	防潮垫		块	1	
11	钢丝刷		个	1	

表 2-2　　　　　　　　10kV 冷缩电缆终端头制作安装所需材料

序号	名称	规格	单位	数量	备注
1	冷缩终端头	根据需要选用	套	1	手套、应力管、延长管、冷缩绝缘终端、相色管等
2	酒精	95%	瓶	1	
3	PVC 胶带	黄、绿、红	卷	3	
4	清洁布		kg	2	
5	清洁纸		包	1	
6	铜绑线	ϕ 2mm	kg	1	
7	铜编织带	25mm^2	根	2	注意区分截面积，粗、细
8	接线端子	根据需要选用	支	3	
9	砂带	240 目 /400 目	条	2/2	
10	PVC 保鲜膜		卷	1	

二、电缆附件安装作业条件

（1）室外作业应避免在雨天、雾天、大风天气及湿度在70%以上的环境下进行。遇紧急故障处理，应做好防护措施并经上级主管领导批准。在尘土较多及重灰污染区，应搭临时帐篷。

（2）冬季施工气温低于0℃时，电缆应预先加热。

第三节　安装步骤及具体要求

1.检查电缆长度

确保在制作电缆终端头时有足够的长度和适当的余量。

2.电缆固定

根据终端头的安装位置，将电缆固定在终端头支持卡子上，为防止损伤外护套，卡子与电缆间应加衬垫，将支持卡子至末端1m以外的多余电缆锯除。

3.电缆预处理

按图2-2所示尺寸剥除外护套，锯铠装，剥除内护套及填料。

（1）剥除电缆外护套800mm，保留30mm铠装及10mm内护套，其余剥去。

（2）用PVC胶带将每相金属屏蔽层端头临时包好，清理填充物，将三相分开。

4.固定接地线，绕包密封填充胶

（1）对金属铠装层和金属屏蔽层接地处进行打磨，去除氧化层，然后用两个恒力弹簧将两根地线分别固定在金属屏蔽层和金属铠装层上。顺序是先安装金属铠装层接地线，安装完用绝缘胶带缠绕两层。再安装金属屏蔽层接地线，三相要求接触良好，并且用绝缘胶带缠绕两层。恒力弹簧缠绕方向应与金属铠装层的缠绕方向一致。对于金属铠装层断口的尖刺及残余金属碎屑要进行清理。

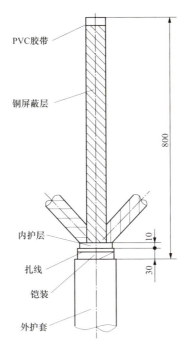

图 2-2　10kV XLPE 电缆冷缩式终端头剥切尺寸图

（2）掀起两铜编织带，在电缆外护套断口上绕两层填充胶，将做好防潮段的两条铜编织带压入其中，在其上绕几层填充胶，再分别绕包三岔口，在绕包的填充胶外表面再包绕一层胶带。绕包后的外径应小于扩张后分支手套内径。

5. 安装冷缩三相分支手套

（1）将冷缩分支手套套至三岔口的根部，沿逆时针方向均匀抽掉衬管条，先抽掉尾管部分，然后再分别抽掉指套部分，使冷缩分支手套收缩。

（2）收缩后在手套下端用绝缘带包绕 4 层，再加绕 2 层胶带，加强密封。

6. 冷缩护套管的安装

按图 2-3 所示安装冷缩护套管、确定安装尺寸。

（1）将一根冷缩管套入电缆一相（衬管条伸出的一端后入电缆）沿逆时针方向均匀抽掉衬管条，收缩该冷缩管，使之与分支手套指管搭接 20mm。

（2）在距电缆端头 L+217mm（L 为端子孔深，含雨罩深度）处用 PVC 胶带做好标记。除掉标记处以上的冷缩管，使冷缩管断口与标记齐平。按此工艺处理其他两相。

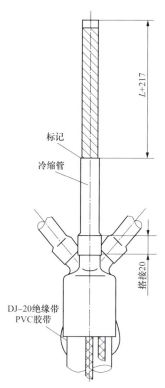

图 2-3　10kV XLPE 电缆冷缩式终端头护套管安装尺寸图

7.金属屏蔽层、外半导电层的处理

按图2-4所示尺寸，剥除金属屏蔽层、外半导电层。

（1）自冷缩管端口向上量取15mm长金属屏蔽层，其余金属屏蔽层去掉。

（2）自金属屏蔽层断口向上量取15mm长半导电层，其余半导电层去掉。

（3）将绝缘表面用砂带打磨，以去除吸附在绝缘表面的半导电粉尘，半导电层端口切削成约4mm的小斜坡并打磨光洁，与绝缘层圆滑过渡。

（4）在金属屏蔽层与外半导电层之间的台阶处绕两层半导电带，将此位置覆盖。

8.线芯绝缘的处理

按图2-5所示尺寸，剥切线芯绝缘。

（1）自电缆末端剥去线芯绝缘L（L为端子孔深，含雨罩深度）。

（2）将绝缘层端头倒角3mm×45°。

（3）在半导电层端口以下45mm处用PVC胶带做好标记。

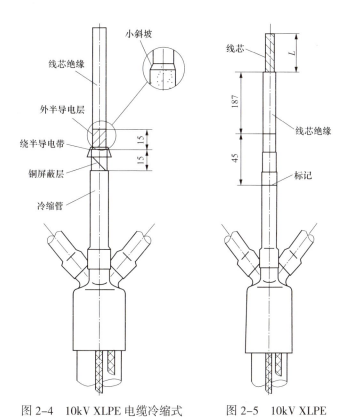

图 2-4 10kV XLPE 电缆冷缩式
终端头铜屏蔽层、半导电层剥切
尺寸图

图 2-5 10kV XLPE
电缆冷缩式终端头线
芯绝缘剥切尺寸图

9.安装终端绝缘主体

（1）用清洁纸从绝缘端部向半导电层端部方向一次清洁干净，待清洁剂挥发后，在绝缘层表面均匀地涂上硅脂。

（2）将冷缩终端绝缘主体套入电缆，衬管条伸出的一端后入电缆，沿逆时针方向均匀地抽掉衬管条使终端绝缘主体收缩（注意：终端绝缘主体收缩好后，其下端与标记齐平），然后用扎带将终端绝缘主体尾部扎紧。

10.安装罩帽、压接接线端子

按图2-6所示安装罩帽、压接接线端子。

（1）将罩帽穿过线芯套上接线端子，需要注意的是，必须将接线端子雨罩覆盖到罩帽端部，然后压接接线端子。

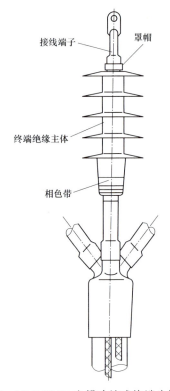

图 2-6　10kV XLPE 电缆冷缩式终端头结构图

（2）将相色带绕在各相终端下方。

（3）将接地铜编织带与地网连接好，安装完毕。

11.清理现场

施工作业结束后，工作负责人依据施工验收规范对施工工艺、质量进行自查验收，按要求清理施工现场，整理工具、材料，办理工作终结手续。

第四节　终端头安装记录的填写

终端头制作完成后，施工人员应按表2-3填写安装记录。也可参考DL/T 5756—2017《额定电压35kV(U_m=40.5kV)及以下冷缩式电缆附件安装规程》中附录A 冷缩电缆终端、接头安装记录。

表 2-3　　　　　　　　　交联电缆户内（外）终端头安装记录

电缆线号：			起止点：		终端头位置：	
气象资料	天气：		温度：	湿度：		
施工日期				送电日期		
负责人		安装人员：				
施工地点				施工原因：		
电缆资料	电压等级： 导体截面：　　mm^2 电缆制造厂家：			电缆型号： 绝缘屏蔽层是否可剥离：		
电缆相位	设备侧		A——A B——B C——C			电缆侧
电缆附件资料	终端头形式： 电缆附件制造厂家：					
安装过程记录						
施工单位						
卡片填写人				填写时间		
审核人员						

【思考与练习】

1.10kV冷缩型电缆终端头制作时如何做好密封防水？

2.10kV冷缩型电缆终端头制作时对接地编织袋安装有什么要求？

【知识延伸】

电缆终端和中间接头制作，都要包绕附加绝缘、屏蔽层、密封层和护层，需要使用各种绝缘包带、屏蔽包带、护层包带等。现将绝缘带和种类及其性能分述如下：

1.J-50型高压绝缘自黏带

J-50型高压绝缘自黏带有两种规格，适用于导体连续运行温度不超过90℃，运行电压不超过110kV的挤包绝缘电缆的终端和中间接头的增绕绝缘，也适用于其他场合的绝缘防水密封，但不适用于严重污染环境。

2.ZRJ-20型阻燃自黏带

ZRJ-20型阻燃自黏带适用于导体连续运行温度不超过70℃的10kV及以下的挤包绝缘电缆的终端和中间接头，有阻燃性能，规格与J-50型相同，机械性能略低于J-50型。

3.自黏性应力控制带

自黏性应力控制带厚度0.8mm，宽度25mm，适用于导体连续运行温度不超过90℃的35kV及以下电压等级的挤包绝缘电缆终端中的应力控制结构。

4.J基自黏性橡胶带

J基自黏性橡胶带是一种具有良好耐水、耐酸、耐碱特性的包绕材料。有四种型号：

（1）J-10型，适用于1kV及以下，正常工作温度不超过75℃的一般增绕绝缘和密封防水；

（2）J-20型，适用于正常工作温度不超过75℃、3~10kV挤包绝缘电缆的终端和中间接头的绝缘保护；

（3）J-21型，适用于10kV及以下的交联聚乙烯绝缘电缆中间接头的绝缘保护；

（4）J-30型，适用于35kV交联聚乙烯绝缘电缆终端和中间接头中作包绕绝缘用。

自黏性橡胶带在拉伸包绕后，经过一定时间自行黏结成紧密的整体，但在空气中容易皲裂，因此绕包外面需覆盖两层黑色聚氯乙烯带。

5.聚氯乙烯胶黏带

聚氯乙烯胶黏带厚度0.12mm，宽度10mm或25mm，用于10kV及以下电压等级的电缆终端一般密封。

6.半导电乙丙自黏带

半导电乙丙自黏带厚度0.6mm，宽度25mm，适用于导体连续运行温度不超过90℃的110kV及以下挤包绝缘电缆终端和中间接头的半导电屏蔽结构。

7. 双面半导电丁基胶布带

双面半导电丁基胶布带厚度0.25mm，宽度30mm，适用于10kV及以下电缆中间接头的内外屏蔽。

8. 黑聚氯乙烯带

黑聚氯乙烯带厚度0.25mm，宽度25mm，用作电缆终端和中间接头最外层保护，无黏性，绕包末端要用绑线绑牢。

9. 聚四氟乙烯带

聚四氟乙烯带厚度0.1mm，宽度25mm，绝缘性能好，但燃烧时产生剧毒气体，一般只在制作交联聚乙烯绝缘电缆终端时用作热塑化脱模用。

10. 自黏性硅胶带

自黏性硅橡胶带一般厚度为0.5mm，宽度25mm，绝缘性能好，耐电晕，适用于10kV及以下电缆终端增绕绝缘。

第三章

10kV 冷缩电缆中间接头制作安装

本章通过图解示意、流程介绍和工艺要点归纳，介绍 10kV 冷缩电缆中间接头制作程序和工艺要求。并通过安装实例讲解，详细介绍 10kV 冷缩电缆中间接头安装作业条件和具体操作步骤。

第一节　工艺流程、质量和安全控制要点

一、10kV冷缩电缆中间接头制作工艺流程

10kV冷缩电缆中间接头制作工艺流程如图3-1所示。

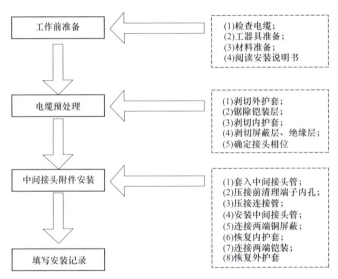

图 3-1　10kV冷缩电缆中间接头制作工艺流程图

二、工艺质量和安全控制要点

1.剥除外护套、铠装、内护套

（1）剥除外护套。在中间接头的电缆两端分别选取长端800mm，短端600mm。剥切电缆外护套应分两次进行，以避免电缆金属铠装层松散。先将电缆末端外护套保留100mm，然后按规定尺寸剥除外护套，要求断口平整。外护套断口以下100mm部分用砂纸打毛并清洁干净，以保证外护套收缩后密封性能可靠。

（2）剥除金属铠装层。按规定尺寸在金属铠装层上绑扎铜线，绑扎固定金属铠装层的金属扎丝或恒力弹簧，其缠绕方向应与金属铠装层的缠绕方向一致，使铠装越绑越紧不致松散。绑线用直径2.0mm的铜线，每道3~4匝。锯金属铠装层时，其圆周锯痕深度应均匀，不得锯透，以防损伤内护套。剥铠装时，应首先沿锯痕将铠装卷断，铠装断开后再向电缆端头剥除。金属铠装层断口应平齐。对于金属铠装层断口的尖刺及残余金属碎屑要进行清理。

（3）剥除内护套及填料。在内护套剥除线处用刀子横向切一环形痕，深度不超过内护套厚度的一半。纵向剥除内护套时，刀子切口应在两芯之间，防止切伤金属屏蔽层。剥除内护套后应将金属屏蔽末端用聚氯乙烯胶黏带缠绕，防止松散。切除填料时刀口应向外，防止损伤金属屏蔽层。

2.电缆分相，锯除多余电缆线芯

（1）在电缆线芯分岔处将线芯调整到合适位置，弯曲不宜过大，有操作空间即可。且一定要保证弯曲半径符合规定要求，避免金属屏蔽层变形、褶皱和损坏。

（2）将接头中心尺寸核对准确后，锯断多余电缆芯线。锯割时，应保证电缆线芯端口平直。

3.剥除金属屏蔽层和外半导电层

（1）剥切金属屏蔽层时，在其断口处用镀锡铜绑线扎紧或用PVC胶带固定。切割时，只能环切一刀痕，不能切透，以防损伤半导电层。剥除时，应从刀痕处撕剥，断开后向线芯端部剥除。

（2）金属屏蔽层的断口应切割平整，不得有尖端和毛刺。

（3）外半导电层应剥除干净，不得留有残迹。剥除后必须用细砂纸将绝缘表面吸附的半导电粉尘打磨干净，并清洗光洁。剥除外半导电层时，刀口不得伤及绝缘层。

（4）将外半导电层端部切削成小斜坡，注意不得损伤绝缘层，用砂纸打磨后，半导电层端口应平齐，坡面应平整光洁，与绝缘层平滑过渡。应无目视可见的颗粒、划痕、杂质、凹槽或凸起。

4.剥切绝缘层，套中间接头管

（1）剥切线芯绝缘和内半导电层时，不得伤及线芯导体。剥除绝缘层，应顺线芯绞合方向进行，以防线芯松散。

（2）绝缘层端口用刀或倒角器倒角。导体线芯端部的锐边应锉去，清洁干净后用PVC胶带缠绕，暂时保护。

（3）中间接头管应套在电缆金属屏蔽层保留较长的一端线芯上，套入前必须将绝缘层、外半导电层、金属屏蔽层用清洁纸依次清洁干净。套入时，应注意塑料衬管条伸出一端先套入电缆线芯。

（4）将中间接头管和电缆绝缘用保鲜膜临时保护好，以防碰伤和灰尘杂物落入，保持环境清洁。

5.压接连接管

（1）压接前应检查核对连接金具和压接模具，选用合适的接线端子、压接模具和压接机，清除导体表面污迹与毛刺；连接管压接前应检查两端电缆是否在一直线上。

（2）连接管压接时，两端线芯应向接管方向推入，不得松动。将电缆导体端部整圆后插入连接管，中间连接时，导体每端插入长度到预标记的截至位。在压接部位，围压的成形边应各自同在一个平面上，压缩比宜控制在15%~25%。

（3）压接后，连接管表面尖端、毛刺先用锉刀处理，再用砂纸打磨平整光洁，必须用清洁纸将绝缘层表面和连接管表面分别清洁干净。应特别注意不能在中间接头端头位置留有金属粉屑或其他导电物体。

6.安装中间接头管

（1）在中间接头管安装区域表面均匀涂抹一薄层硅脂，并经认真检查后，将中间接头管移至中心部位，其一端必须与提前标记的记号齐平。

（2）抽出衬管条时，应沿逆时针方向进行，其速度必须缓慢均匀，使中间接头管自然收缩，定位后用双手从接头中部向两端圆周捏一捏，使中间接头内壁结构与电缆绝缘、外半导电屏蔽层有更好的界面接触。

7.连接两端金属屏蔽层

铜网带应以半搭盖方式绕包平整、紧密，铜网两端与电缆金属屏蔽层搭接，用恒力弹簧固定时，夹入铜编织带并反折恒力弹簧之中，用力收紧，并用PVC胶带缠紧固定。

8.恢复内护套

（1）电缆三相接头之间间隙必须用填充料填充饱满，再用PVC带或白布带将电缆三相并拢扎紧，以增强接头整体结构的严密性和机械强度。

（2）绕包防水带，绕包时将胶带拉伸至原来宽度的3/4，完成后双手用力挤压所包胶带，使其紧密贴附。防水带应覆盖接头两端的电缆内护套足够长度。

9.连接两端金属铠装层

铜编织带两端与金属铠装层连接时，必须先用锉刀或砂纸将钢铠表面进行打磨，将铜编织带端头横向略加延展，夹入并反折恒力弹簧之中，用力收紧，并用PVC胶带缠紧固定，以增加铜编织带与钢铠的接触面和稳固性。

10.恢复外护套

（1）绕包防水带，绕包时将胶带拉伸至原来宽度的3/4，完成后双手用力挤压所包胶带，使其紧密贴附。绕包防水带时，注意绕包重叠率、拉伸率应符合工艺要求，不得漏包，确保防水密封可靠。冷缩接头的绕包防水带，应覆盖接头两端的电缆内护套，搭接电缆外护套不少于120mm。

（2）在外护套防水带上绕包两层铠装带。绕包铠装带以半重叠方式绕包，绕包过程中还需挤出其中的气泡，保持紧固。覆盖接头两端的电缆外护套各70mm。

（3）金属铠装层绕包后需静置30min以上，方可进行电缆接头搬移工作。搬移工作开始前应做好中间头保护，以免损坏外护层。

11.安全控制要点

（1）作业区域远距离取电时，应选用带剩余电流动作保护器（又称漏电保护器）且功率满足要求的移动电缆盘，并做好电源线保护措施。

（2）搬运电缆附件时，施工人员应相互配合，轻搬轻放，不得抛接。

（3）用刀或其他切割工具时，正确控制切割方向。

（4）施工时，电缆沟侧边地面禁止堆放工具及杂物，以免倒落伤人。

第二节　作业前准备

一、工器具和材料准备

（1）电缆附件安装前，应做好施工用工器具检查，确保工器具齐全完好、干净整洁、便于操作。

（2）电缆附件安装前，应做好施工用电源及照明检查，确保施工用电源及照明设备能够正常工作。

（3）检查电缆，应符合下列要求：

1）电缆无受潮进水、绝缘偏心、明显的机械损伤等缺陷；

2）电缆相位正确，主绝缘及内、外护套试验合格。

（4）检查电缆附件材料，应符合下列要求：

1）电缆附件规格应与电缆匹配，零部件应齐全、无损伤，绝缘材料不应受潮、过期。

2）各类消耗材料应备齐。

（5）电缆附件安装现场作业指导书、合格证等资料应齐全。

10kV冷缩电缆中间接头制作安装所需工器具和材料见表3-1和表3-2。

表3-1　　　　10kV冷缩电缆中间接头制作安装所需工器具

序号	名称	规格	单位	数量	备注
1	常用工具		套	1	电工刀、钢丝钳、螺丝刀、卷尺、油漆笔、工具箱、刀片、PVC管切刀
2	绝缘电阻表	500V/2500V	块	1/1	

序号	名称	规格	单位	数量	备注
3	电环锯		把	1	
4	液压钳		把	1	
5	手锯		把	1	
6	锉刀	平锉 / 圆锉	把	1/1	
7	电源延长线		卷	1	
8	工作灯	200W	盏	4	
9	手电筒		个	1	
10	防潮垫		块	1	
11	钢丝刷		个	1	

表 3-2　　　　　　10kV 冷缩电缆中间接头制作安装所需材料

序号	名称	规格	单位	数量	备注
1	冷缩中间接头附件	根据需要选用	套	1	手套、应力管、延长管、冷缩绝缘终端、相色管等
2	酒精	95%	瓶	1	
3	PVC 胶带	黄、绿、红	卷	3	
4	清洁布		kg	2	
5	清洁纸		包	1	
6	铜绑线	$\phi 2mm$	kg	1	
7	铜编织带	$25mm^2$	根	2	注意区分截面积，粗、细
8	接线管	根据需要选用	支	3	
9	砂带	240 目 /400 目	条	2/2	
10	保鲜膜		卷	1	临时遮蔽保护

二、电缆附件安装作业条件

（1）室外作业应避免在雨天、雾天、大风天气及湿度在70%以上的环境下进行。遇紧急故障处理，应做好防护措施并经上级主管领导批准。在尘土较多及重灰污染区，应搭临时帐篷。

（2）冬季施工气温低于0℃时，电缆应预先加热。

第三节 安装步骤及具体要求

1.检查电缆长度

确保在制作电缆中间接头时有足够的长度和适当的余量。

2.定接头中心、预切割电缆

将电缆施工区域表面清洁干净、本体调直，确定接头中心电缆长端800mm，短端600mm，两电缆重叠200mm，锯除多余电缆。

3.剥除外护套、金属铠装层和内护套

按图3-2所示尺寸，依次剥除电缆的外护套、金属铠装层、内护套及线芯间的填料。

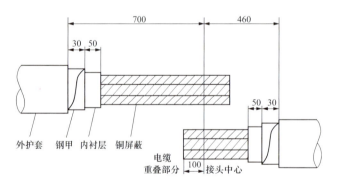

图3-2 10kV XLPE电缆冷缩中间接头剥切尺寸图

4.锯线芯

电缆施工中要核对接头中心位置，锯除多余电缆。

5.剥切金属屏蔽层和外半导电层

按照图3-3尺寸要求，去除金属屏蔽层和外半导电层，金属屏蔽层边缘用铜粘条缠绕，去除外半导电层时不得划伤绝缘。操作此步骤时要格外小心，金属屏蔽层及外半导体断口边缘应整齐，不能有毛刺及尖端。

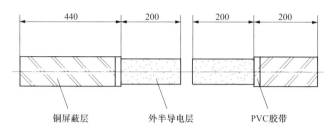

图 3-3　10kV XLPE 电缆冷缩中间接头铜屏蔽层和半导电层剥切尺寸图

6. 剥切绝缘

按接管长度的 1/2 加 5mm 切除绝缘，并将两端电缆绝缘的端部倒角 3mm×45°。

7. 处理外半导电层和主绝缘层

将外半导电层端口倒成斜坡并用砂纸进行打磨处理，用细砂布打磨主绝缘表面。注意不能用打磨过半导电层的砂纸打磨主绝缘。

8. 套入铜网和冷缩绝缘主体

将铜编织网套入短端，冷缩绝缘主体套入剥切尺寸长的一端，衬管条伸出的一端要先套入电缆，将接头绝缘主体和电缆绝缘临时包覆保护。

9. 导体连接

根据电缆的规格选择相对应的模具，压接的顺序为先中间后两边，压接后打磨毛刺、飞边，按安装工艺的要求将接管处填充。

10. 电缆绝缘的清洁

清洁电缆绝缘表面，必须由绝缘端口向半导电层方向擦拭。在两端电缆绝缘和填充物上均匀涂抹硅脂。

11. 安装冷缩绝缘主体

按安装工艺的要求在电缆短端的半导电层上做应力锥的定位标记。将冷收缩绝缘主体移至接头中间，使其一端与提前设置的定位标记平齐，然后逆时针方向旋转拉出衬条，收缩完毕后立刻调整位置，使中间接头处在两定位标记中间，如图 3-4 所示。在收缩后的绝缘主体两端用阻水胶缠绕成 45° 的斜坡，坡顶与中间接头端面平齐，再用半导电带在其表面进行包覆搭接。

图 3-4　10kV XLPE 电缆冷缩中间接头安装冷缩绝缘主体图
1—铜屏蔽；2—定位标记；3—冷缩绝缘主体；4—衬管条

12. 恢复金属屏蔽层

将预先套入的铜网移至接头绝缘主体上，铜网两端分别与电缆金属屏蔽层搭接 50mm 以上，延展覆盖铜编织带，用镀锡铜绑线扎紧或用恒力弹簧固定。

13. 缠白布带

将三相并拢，用白布带由一端内护层开始向另一端内护层半搭盖缠绕。

14. 恢复电缆内护套

在两端露出的 50mm 内护套上用砂纸打磨粗糙并清洁干净，从一端内护套上开始至另一端内护套，在整个接头上绕包一个来回的防水带。

15. 安装铠装连接线

用恒力弹簧将一根铜编织地线固定在两端金属铠装层上，用 PVC 带在恒力弹簧上绕包两层加固。

16. 恢复电缆外护套

（1）用防水胶带作接头防潮密封，在电缆外护套开剥端口起 60mm 的范围内用砂纸打磨粗糙，并清洁干净，从距护套口 60mm 处开始半重叠绕包防水胶带至另一端护套口，搭接 60mm，绕包一个来回。绕包时，将胶带拉伸至原来宽度的 3/4，绕包后双手用力挤压所包胶带，使其紧密贴服。

（2）半重叠绕包两层铠装带加强机械保护。为得到一个整齐的外观，可先用防水带填平两边的凹陷处。

（3）静置 30min 以上，待铠装带胶层完全固化后方可移动电缆。

第四节　中间接头安装记录的填写

中间接头制作完成后，施工人员应按表 3-3 填写安装记录。也可参考 DL/

T 5756—2017《额定电压35kV(U_m=40.5kV)及以下冷缩式电缆附件安装规程》中附录A 冷缩电缆终端、接头安装记录。

表 3-3　　　　　　　　　　　交联电缆中间接头安装记录

电缆线号：	起止点：		接头编号：	
气象资料	天气：	温度：		湿度：
施工日期		送电日期		
负责人	安装人员	电源侧：		
		负荷侧：		
施工地点		施工原因		
电缆资料	电源侧	电压等级：　　　　kV 导体截面：　　　　mm² 电缆制造厂：	电缆型号： 绝缘屏蔽是否可剥离：	
	负荷侧	电压等级：　　　　kV 导体截面：　　　　mm² 电缆制造厂：	电缆型号： 绝缘屏蔽是否可剥离：	
电缆相位	设备侧	A——A B——B C——C	电缆侧	
电缆附件资料	中间接头型式：			
	电缆附件制造厂：			
安装过程记录				
施工单位				
卡片填写人		填写时间		
审核人员				

第五节　中间接头无痕熔接技术简介

电缆中间接头无痕熔接技术是按照所连接电缆的原始结构，通过生产电缆的制作工艺实现电缆与电缆连接，主要体现在无需应力锥、无活动界面的融融结构。接头处的导体、内半导电层、主绝缘层和外半导电层完全是按照电缆的原有结构恢复本体，避免电缆的回缩及因附件与电缆之间由于材质不同而产生气隙、活动界面所导致的问题，使电缆接头处成为完整的电缆而没有接头的概念，其电场分布和电气稳定性与原电缆本体形成了一致的共性，突出了无痕熔接对超高压电缆连接电气性能高可靠性的重大意义。

熔接点的载流能力（熔点）与导体相同，具有良好的导电性能，经检测，焊接前后的直流电阻比率变化率接近于零。放热焊接是真正的分子焊接，导体不会被破坏并且没有接触面，导体交界面的整体有效性没有改变，没有机械性压力、不会松弛或腐蚀、不会老化，故障时能承受重复性大电流冲击，不至熔断。

但是就目前的技术而言，放热焊接会产生2000℃以上的温度，如果在焊接时不采用技术手段加以控制，焊接的高温会直接影响到电缆绝缘及半导电体导致其老化，所以在制作无痕熔接头的过程中需要特别注意准备焊接冷却装置。焊接冷却装置应在焊接前安装于靠电缆绝缘的导体两侧，保证焊接时靠电缆绝缘两侧的温度低于80℃，避免造成电缆损伤。

1. 无痕熔接电缆中间接头主要绝缘材料的质量保证及清洁程度的应对措施

主绝缘材料要求进口北欧化工或美国联碳的超高压电缆专用绝缘材料，两家材料具有良好的相融性。

现场制作的无痕熔接头不被污染，需做下面几个步骤：安装特制的洁净棚—清洁电缆—安装电缆防尘装置—安装工装模具及挤出机，当挤出机配装完成，洁净棚可拆出现场。因为电缆防尘装置内部与外界是隔离的，保证无痕熔接头不会受外界的环境影响。

2.残余应力的产生及消除残存应力的应对措施

工厂生产电缆主体是一个不可停顿、连续作业、在高温硫化模交联后进入低温骤冷冷却随之电缆上盘的过程，而此时成型的新电缆绝缘内部，因高温交联的过程中产生的副产物在低温骤冷的冷却过程中无法消除，所以电缆在出厂前必须完成脱气的过程。因此，要求制作无痕熔接中间头的交联温度比生产电缆的交联温度要低很多，无痕熔接头绝缘材料交联结束成型后，使之自然冷却，让其充分释放交联聚乙烯中的副产物气体和消除内应力。

【思考与练习】

1.试述10kV冷缩型电缆中间接头制作工艺流程。

2.高压防水带绕包有哪些要求？

【知识延伸】

导体的压接是使用相应的连接管和压接模具，借助于压接钳的压力，将连接管紧压在导体上，使连接管与导体之间产生金属表面渗透，从而形成可靠的导电通路。机械压接分局部压接（点压）和整体压接（围压）两种。局部压接的优点是需要的压力较小，容易使局部压接处接触面间产生金属表面渗透。整体压接的优点是压接后连接管形状比较平直，有利于解决接管处电场过分集中的问题。

影响导体压接质量的因素主要有以下七个方面：

（1）连接管的材质，主要是导电率和机械强度。铝管材化学成分应符合国家标准。铝连接管应采用冷拔、冷轧或热压法制成，也可采用压力铸造法生产。总之，要求压接之后，无论连接管或接线鼻子，都不能有明显裂纹。

（2）连接管的内径与被连接导电线芯外径的配合公差。按导体连接后的性能要求公差越小越好；但考虑操作方便，又不能太小，一般取0.8~1.4mm。

（3）连接管截面与被连接的电缆导电线芯截面的比值，一般取1.6~3.0，大截面线芯取较低数值。

（4）压缩比。压去的面积与接管内部所有间隙之和的比值称为压缩比。压缩比真正反映了压紧程度，直接影响压接质量，铝芯电缆一般取2.2~2.6。

（5）硬度和电阻。铝是一种化学性质极其活泼的金属，其表面极易生成一层氧化铝膜，具有较高硬度和高电阻。为保证铝芯压接的质量，在压接前，应用钢丝刷和锉刀除去线芯表面和连接管内壁的氧化膜。

（6）压模形状。常用的点压，压坑深度约等于管外径的1/2，因此管内间隙都能排除掉，包括线芯间的间隙也能压紧，这对导电性能来说是有利的。但是，因为压坑很深，致使部分导线变形过大，甚至压断，从而降低了连接处的抗张强度。围压的压缩变形沿圆周方向比较均匀，不会使局部导线变形过大。但由于铝的塑性较大，受压时外层导线首先变形，压力难以传到内层导线，因此有外紧内松现象，对导电性能有一定影响。而且围压的接触面大，要求压钳吨位高，否则会因压模的宽度小而使接管呈竹节形，影响接管的机械强度。由于点压和围压各有优缺点，所以现在采用点压与围压结合的办法，取长补短。

（7）压坑数量和压坑间距。对铝导体来说，一个压坑难以保证有良好的电气性能和机械强度，通常用点压时压两个坑，围压为3~5圈，压坑之间的距离也影响压接质量。如果相邻两压坑距离太近，当压第二个坑时，会使前一个坑壁受到影响而变松，破坏了原来良好的接触。如压坑间距太远，虽不会影响压接质量，但接管长度将因此而加长，造成不必要的浪费，一般取两坑间距为4~5mm。压接的顺序：可先压接管端部靠近线芯的坑，后压中间坑。

压接操作时，先把线芯夹圆扎紧，端部锉成倒角以便于插入。两线芯塞入接管后其末端应在管中心位置，线鼻子应塞到线鼻子孔的顶端。线芯外径与接管内径应紧密配合，不能剪断线芯或用导线充填。每个坑的操作应一次完成，压接深度以阴、阳模刚接触为宜。

第四章

10kV 预制式肘型电缆终端头制作安装

本章通过图解示意、流程介绍和工艺要点归纳，介绍 10kV 预制式肘型电缆终端头制作程序和工艺要求。并通过安装实例讲解，详细介绍 10kV 预制式肘型电缆终端头安装作业条件和具体操作步骤。

第一节　工艺流程、工艺质量和安全控制要点

一、10kV预制式肘型电缆终端头制作工艺流程

10kV预制式肘型电缆终端头制作工艺流程如图4-1所示。

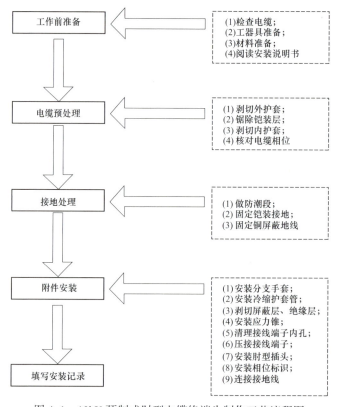

图4-1　10kV预制式肘型电缆终端头制作工艺流程图

二、工艺质量和安全控制要点

电缆终端制作前，核对电缆相序或极性。

1.剥除外护套、铠装、内护套

（1）制作电缆终端头时，应尽量垂直固定，以免在地面制作完成后，进入安装位置时造成线芯伸缩错位，三相长短不一，使分支手套局部受力损坏。

（2）剥除外护套。应分两次进行，以避免电缆金属铠装层松散。先将电缆末端外护套保留100mm，然后按规定尺寸剥除外护套，要求断口平整。外护套断口以下100mm部分用砂纸打毛并清洁干净，以保证分支手套定位后密封性能可靠。

（3）剥除金属铠装层。按规定尺寸在金属铠装层上绑扎铜线，绑扎固定金属铠装层的金属扎丝或恒力弹簧，其缠绕方向应与金属铠装层的缠绕方向一致，使铠装越绑越紧，避免松散。绑线用直径2.0mm的铜线，每道3~4匝。锯金属铠装层时，其圆周锯痕深度应均匀，不得锯透，不得损伤内护套。剥铠装时，应首先沿锯痕将铠装卷断，铠装断开后再向电缆终端头剥除。金属铠装层断口应平齐。对于金属铠装层断口的尖刺及残余金属碎屑要进行清理。

（4）剥除内护套及填料。在应剥除内护套处用刀横向切一环形痕，深度不超过内护套厚度的一半。纵向剥除内护套时，刀子切口应在两芯之间，防止切伤金属屏蔽层。剥除内护套后应将金属屏蔽带末端用聚氯乙烯胶黏带扎牢，防止松散和避免毛刺伤人。切除填料时刀口不应朝向线芯，防止损伤金属屏蔽层。

（5）分开三相线芯时，不可硬行弯曲，以免金属屏蔽层褶皱、变形。金属屏蔽层因过度弯曲而造成的褶皱和变形一般无法恢复，直接影响其搭接面积，改变导电率，也可能会对绝缘套管造成刺伤。

2.固定接地线，绕包密封填充胶

（1）接地编织带必须分别接触固定在金属铠装层的两层钢带和三相金属屏蔽层上。金属铠装层、金属屏蔽层与地线接触部位应用砂纸打毛，在恒力弹簧外必须绕包几层PVC胶带，保证金属铠装层与金属屏蔽层的绝缘。

（2）自外护套断口向下40mm范围内的铜编织带必须做不少于30mm的防潮段，同时在防潮段下端电缆上绕包两层密封胶，将接地编织带埋入其中，有条件的还可以在铜编织带中灌注液态硅胶密封，提高防水性能。两编织带之间必须绝缘分开，安装时一般错开一定角度。

（3）电缆内、外护套断口处要绕包填充胶，三相分叉部位空间应填实，绕包体表面应平整，绕包后外径必须小于分支手套内径。

3. 安装分支手套

（1）电缆三叉部位用填充胶绕包后，根据实际情况，上半部分可半搭盖绕包一层PVC胶带，以防止内部粘连和抽塑料衬管条时将填充胶带出，但填充胶绕包体上不宜全部绕包PVC胶带。

（2）冷缩分支手套套入电缆前，应事先检查三指管内塑料衬管条内口，查看预留是否过多，注意抽出衬管条时，应谨慎小心，缓慢进行，以避免衬管条弹出。

（3）分支手套应套至电缆三叉部位填充胶上，必须压紧到位，检查三指管根部，不得存在空隙。

4. 安装冷缩护套管

（1）安装冷缩护套管，抽出衬管条时，速度应均匀缓慢。两手应协调配合，以防冷缩护套管收缩不均匀造成拉伸和回缩。

（2）护套管需切割时，必须绕包PVC胶带固定，圆周环切后，才能纵向剖切，剥切时不得损伤金属屏蔽层，严禁在无包扎的情况下切割。

5. 剥切金属屏蔽层、外半导电层

（1）金属屏蔽层剥切时，应用镀锡铜绑线扎紧或用PVC胶带固定，切割时，只能环切一刀痕，不能切透，以免损伤外半导电层。剥除时，应自刀痕处撕剥，断口形成后才向线芯端部移除。

（2）外半导电层剥除时，先用电缆刀在预定位置横向切一环痕，再纵向轻划三至四道刀痕，均不得损伤主绝缘层，用钢丝钳从电缆端部分离外半导电层与主绝缘层，将外半导电窄条，分多次剥除。需要注意的是，剥除至环切部位时应横向撕除，防止保留的外半导电层起皮。

（3）外半导电层剥除后，绝缘表面必须用细砂纸打磨，去除嵌入在绝缘表面的半导电颗粒。有条件的还可以采用粗布进一步抛光。

（4）外半导电层端部切削斜坡时，注意不得损伤绝缘层。斜坡打磨时应用 PVC 带保护绝缘层，打磨完成后，外半导电层端口应平齐，坡面应平整光洁，与绝缘层圆滑过渡。应无目视可见的颗粒、划痕、杂质、凹槽或凸起。

6. 剥切线芯绝缘、内半导电层

（1）割切线芯绝缘时，注意不得损伤线芯导体，剥除绝缘时，应顺着导线绞合方向进行，避免导体线芯散股。

（2）内半导电应剥除彻底，不得留有残迹。

（3）绝缘端部应力处理前，用 PVC 胶带黏面朝外将电缆线芯端头包扎好，以防倒角时伤导体。

（4）仔细检查绝缘层，如有半导电粉末、颗粒或较深的凹槽等，则必须再用细砂纸打磨干净。应无目视可见的颗粒、划痕、杂质、凹槽或凸起。

（5）清洁绝缘层时，必须用清洁纸从绝缘层端部向外半导电层端部方向一次性清洁绝缘和外半导电层，以免把半导电粉末带到绝缘上。

7. 绕包半导电带台阶

半导电带必须拉伸 100%，绕包成圆柱形台阶，其上平面应和线芯垂直，圆周应平整，不得绕包成圆锥形或鼓形。

8. 安装应力锥

（1）将绝缘硅脂均匀涂抹在电缆绝缘表面和应力锥内表面，注意不要涂在半导电层上。

（2）将应力锥套入电缆绝缘上，直到应力锥下端的台阶与绕包的半导电带圆柱形凸台紧密接触。

9. 压接接线端子

压接前应检查核对连接金具和压接模具，选用合适的接线端子、压接模具和压接机；接线端子压接前应检查接线端子与导体是否平直。

压接时，将电缆导体端部圆整后，充分插入端子圆筒内，再进行压接。必须保证接线端子和导体紧密接触，提前参考安装螺杆的方向，调整端子接线孔的朝向，根据导体材料按要求顺序进行压接。压接完成后，处理端子表面尖端和毛刺，要求锉平并打磨光洁。

10. 安装肘型插头，连接接地线

（1）将肘型头套在电缆端部，并推到底，从肘型头端部可见压接端子螺栓孔。

（2）按系统相色缠绕相色带。

（3）将螺栓拧紧在环网柜套管上，确保螺纹对位、扭矩合格，并做好紧固标记。

（4）将肘型头套入环网柜套管上，确保电缆端子孔正对螺栓，用螺母将电缆端子压紧在套管端部的铜导体上，并核对扭矩，做好紧固标记。

（5）将接地线安装在肘型头耳部，保证外屏蔽可靠接地。

11. 安全控制要点

（1）作业区域远距离取电时，应选用带漏电保护器且功率满足要求的移动电缆盘，并做好电源线保护措施。

（2）搬运电缆附件时，施工人员应相互配合，轻搬轻放，不得抛接。

（3）用刀或其他切割工具时，正确控制切割方向。

（4）吊装电缆终端头时，应保证与带电设备安全距离。

第二节　作业前准备

一、工器具和材料准备

（1）电缆附件安装前，应做好施工用工器具检查，确保工器具齐全完好、干净整洁、便于操作。

（2）电缆附件安装前，应做好施工用电源及照明检查，确保施工用电源及照明设备能够正常工作。

（3）检查电缆，应符合下列要求：

1）电缆无受潮进水、绝缘偏心、明显的机械损伤等缺陷；

2）电缆相位正确，主绝缘及内、外护套试验合格。

（4）检查电缆附件材料，应符合下列要求：

1）电缆附件规格应与电缆匹配，零部件应齐全、无损伤，绝缘材料不应受潮、过期；

2）各类消耗材料应备齐。

（5）电缆附件安装现场作业指导书、合格证等资料应齐全。

10kV 预制式肘型电缆终端头制作安装所需工器具和材料见表 4-1 和表 4-2。

表 4-1　　　　10kV 预制式肘型电缆终端头制作安装所需工器具

序号	名称	规格	单位	数量	备注
1	常用工具		套	1	电工刀、钢丝钳、螺丝刀、卷尺、油漆笔、工具箱、刀片、PVC 管切刀
2	绝缘电阻表	500V/2500V	块	1/1	
3	万用表		块	1	
4	验电器	10kV	支	1	
5	绝缘手套	10kV	副	1	
6	电环锯		把	1	
7	液压钳		把	1	压接模具若干：$70mm^2$、$240mm^2$、$300mm^2$
8	手锯		把	1	
9	锉刀	平锉 / 圆锉	把	1/1	
10	电源延长线		卷	1	
11	工作灯	200W	盏	4	
12	活动扳手	10 寸 /12 寸	把	2/2	
13	棘轮扳手	17/19	把	2/2	
14	力矩扳手		套	1	
15	手电筒		个	1	
16	防潮垫		块	1	
17	专用套筒		个	1	根据安装设备选用
18	钢丝刷		个	1	

表 4-2　　　　10kV 预制式肘型电缆终端头制作安装所需材料

序号	名称	规格	单位	数量	备注
1	预制交联终端头	根据需要选用	套	1	手套、应力管、延长管、预制绝缘终端、相色管等
2	酒精	95%	瓶	1	
3	PVC 胶带	黄、绿、红	卷	3	
4	清洁布		kg	2	
5	清洁纸		包	1	
6	铜绑线	$\phi\,2mm$	kg	1	
7	铜编织带	$25mm^2$	根	2	注意区分截面积，粗、细
8	接线端子	根据需要选用	支	3	
9	砂带	240 目 /400 目	条	2/2	

二、电缆附件安装作业条件

（1）室外作业应避免在雨天、雾天、大风天气及湿度在 70% 以上的环境下进行。遇紧急故障处理，应做好防护措施并经上级主管领导批准。在尘土较多及重灰污染区，应搭临时帐篷。

（2）冬季施工气温低于 0℃ 时，电缆应预先加热。

第三节　安装步骤及具体要求

由于不同厂家其附件安装工艺尺寸会略有不同，本节所介绍的工艺尺寸仅供参考。

1.检查电缆长度

确保在制作肘型电缆终端头时有足够的长度和适当的余量。

2.固定电缆

根据终端头的安装位置，将电缆固定在终端头支持卡子上，为防止损伤外护套，卡子与电缆间应加衬垫，将支持卡子至末端1m以外的多余电缆锯除。

3.电缆预处理

按图4-2所示尺寸剥除外护套，锯金属铠装层，剥除内护套及填料。

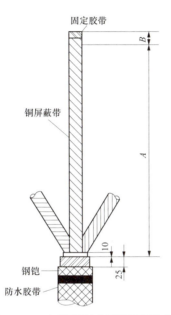

图4-2 10kV XLPE电缆预制式肘型终端头剥切尺寸图

（1）自电缆端头量取A+B（A为现场实际尺寸；B为接线端子孔深）剥除电缆外护套。外护套端口以下100mm部分用清洁纸擦洗干净。

（2）从电缆外护套端口量取金属铠装层25mm用铜扎线扎紧，锯除其余金属铠装层。

（3）保留10mm内护套，其余部分剥除。

（4）剥除纤维色带，切割填充料，用PVC胶带把三相金属屏蔽层端头临时包好，将三相线芯分开。

4.铠装及金属屏蔽层接地线的安装

对金属铠装层接地处进行打磨，去除氧化层，然后用两个恒力弹簧将两根地线分别固定在金属屏蔽层和金属铠装层上。顺序是先安装金属铠装层接地线，安装完用绝缘胶带缠绕两层。再安装金属屏蔽层接地线，三相要求接触良好，并且用绝缘胶带缠绕两层。金属铠装层接地线与金属屏蔽层接地线分别安装在电缆两侧。

5. 填充绕包处理

用填充胶将接地线处绕包充实，并在接地线与外护套间及地线上各绕包一层填充胶，将地线包在中间，以起到防潮和避免突出异物损伤分支手套的作用。

6. 安装冷缩三相分支手套

将分支手套套入电缆分叉处，先抽出下端内部塑料螺旋条，再抽出三个指管内部的塑料螺旋条。注意收缩要均匀，不能用蛮力，以免造成附件损坏。

7. 安装冷缩护套管

（1）将冷缩护套管分别套入电缆各芯，绝缘管要套入根部，与分支手套搭接符合要求。

（2）调整电缆，按照开关柜实际尺寸将电缆多余部分去除。

8. 剥除金属屏蔽层、外半导电层

按图4-3所示尺寸，剥除金属屏蔽层、外半导电层。

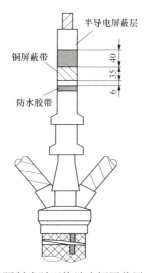

图4-3　10kV XLPE电缆预制式肘型终端头铜屏蔽层、外半导电层剥切尺寸图

（1）从护套管端口向上量取35mm金属屏蔽层，用细铜线扎紧，其以上部分金属屏蔽层剥除。

（2）自金属屏蔽层端口向上量取40mm半导电层，其余半导电层剥除。

（3）用细砂纸将绝缘层表面吸附的半导电粉尘打磨干净，并使绝缘层表面平整光洁。

（4）将外半导电层端口切削成约4mm的小斜坡并打磨光洁，与绝缘圆滑过渡。绕包两层半导电带将金属屏蔽层与外半导电层之间的台阶盖住。

（5）在冷缩套管管口向下6mm的地方绕包一层防水胶黏条。

9. 切除相绝缘

根据接线端子孔深尺寸再加5mm来确定切除绝缘的长度。

10. 打磨并清洁电缆绝缘表面

用细砂纸打磨主绝缘表面（不能用打磨过半导电层的砂纸打磨主绝缘），并用清洁纸由绝缘向外半导电层方向擦拭。

11. 绕包半导电层圆柱形凸台

在金属屏蔽层断口用半导电带绕包一处宽20mm、厚3mm的圆柱形凸台，分别压半导电层和保护管各5mm。

12. 涂硅脂

将绝缘硅脂均匀涂抹在电缆绝缘表面和应力锥内表面上（不要涂在半导电层上）。

13. 安装应力锥

将应力锥边转动边用力套至电缆绝缘上，直到应力锥下端的台阶与绕包的半导体圆柱形凸台紧密接触，如图4-4所示。

14. 压接接线端子

根据电缆的规格选择相对应的模具，压接的顺序应根据接管材料确定。压接后打磨毛刺、飞边。

15. 安装肘型插头

（1）用清洁纸擦拭插座，等待清洁剂挥发后方可进行安装。

（2）在肘型插头的内表面均匀涂上一层硅脂。

（3）用螺丝刀将双头螺杆旋入环网开关柜套管的螺孔内，如图4-5所示。

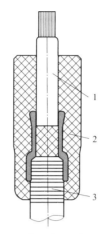

图 4-4　10kV XLPE 电缆预制式肘型终端头应力锥安装图

1—线芯绝缘；2—应力锥；3—半导电带

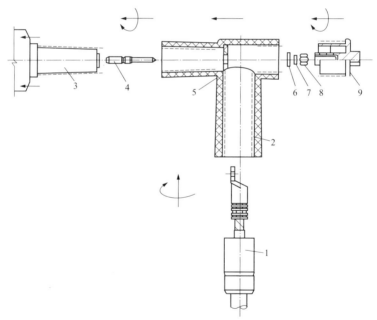

图 4-5　10kV XLPE 电缆预制式肘型终端头安装图

1—应力锥；2—肘型插头；3—插座；4—双头螺杆；5—压缩连接器；6—弹簧垫圈；

7—垫圈；8—螺母；9—绝缘塞

（4）将肘型插头以单向不停顿运动方式套入压好接线端子的电缆头上，直到与接线端子孔对准为止。

（5）将肘型插头以单向不停顿运动方式套至环网开关柜套管上。

（6）按顺序套入平垫圈、弹簧垫圈和螺母，再用专用套筒扳手拧紧螺母。

（7）电缆预制式肘型终端头的安装最后套上绝缘塞，并用专用套筒拧紧。

16.安装相位标示

按系统相色，包缠相色带。

17.连接接地线

用接地线在肘型头耳部将外屏蔽接地。

18.清理现场

施工作业结束后，工作负责人依据施工验收规范对施工工艺、质量进行自查验收，按要求清理施工现场，整理工具、材料，办理工作终结手续。

第四节　终端头安装记录的填写

终端头制作完成后，施工人员应按表4-3填写安装记录。也可参考DL/T 5756—2017《额定电压35kV(U_m=40.5kV)及以下冷缩式电缆附件安装规程》中附录A 冷缩电缆终端、接头安装记录。

表4-3　　　　　　　交联电缆户内（外）终端头安装记录

电缆线号：		起止点：		终端头位置：	
气象资料	天气：		温度：	湿度：	
施工日期			送电日期		
负责人		安装人员：			
施工地点			施工原因		
电缆资料	电压等级： 导体截面：　　　mm² 电缆制造厂家：		电缆型号： 绝缘屏蔽层是否可剥离：		
电缆相位	设备侧	A——A B——B C——C			电缆侧

续表

电缆附件资料	终端头形式： 电缆附件制造厂家：		
安装过程记录			
施工单位			
卡片填写人		填写时间	
审核人员			

【思考与练习】

1.10kV预制式肘型电缆终端头制作如何做好密封防水？

2.10kV预制式肘型电缆终端头制作对环境有什么要求？

【知识延伸】

橡胶预制件所用的绝缘橡胶材料主要性能要求参照表4-4的规定。

表4-4　　　　　　　　　　绝缘橡胶材料主要性能要求

序号	项目		单位	EPDM	SIR
1	抗张强度	不小于	MPa	4.2	4.0
2	断裂伸长率	不小于	%	300	300
3	硬度（邵氏A）	不大于		65	50
4	抗撕裂强度	不小于	N/mm	10	10
5	耐压强度	不小于	kV/mm	25	20
6	体积电阻率	不小于	$\Omega \cdot m$	10^{13}	10^{12}
7	介电系数（50Hz）			2.6~3.0	2.8~3.5
8	介质损耗角正切	不大于		0.02	0.02
9	抗漏电痕迹	不小于		1A3.5	1A3.5

注　1. 表中EPDM为三元乙丙橡胶，SIR为硅橡胶。

　　2. 表中数据为室温下试样的性能要求。

第五章

电缆交流耐压试验

本章介绍电缆线路交流耐压试验相关内容和要求，以及电缆线路交流耐压试验的操作方法及结果判据。通过对概念和要点的学习领会，掌握电缆线路交流耐压试验的方法和步骤。

第一节 概述

一、试验目的

绝缘耐压试验分为直流耐压试验和交流耐压试验两种。过去在进行电缆耐压试验时都采用直流耐压试验。1980年左右，国外研究发现直流耐压试验不仅不能有效发现交联电缆中的绝缘缺陷，甚至还会造成电缆的绝缘隐患，自此逐渐不再开展直流耐压试验。

采用贴近运行状态的交流电压代替直流电压试验，更为安全可靠。交流耐压试验是预防性试验的一项重要内容，它对判断电力设备能否继续参加运行具有决定性的意义，也是保证设备绝缘水平、避免发生绝缘事故的重要手段。

交流耐压试验是电力电缆敷设完成后进行的基本试验项目，是判断电力电缆线路是否可以投入电网运行的基本方法。当电力电缆线路中存在微小缺陷时，在运行过程中可能会逐渐发展成局部缺陷直至整体缺陷，影响电力运行安全。因此，为了考验电力电缆承受电压的能力，检验电力电缆的敷设和附件安装质量，在电力电缆投运前需要进行交流耐压试验。

二、试验原理

电力电缆的电容量较大，采用传统的工频试验设备体积大、重量重，并且大电流的工作电源在试验现场不易获得，因此一般采用变频串联谐振交流耐压试验设备来进行耐压试验。其不仅能显著降低输入电源的容量，减轻设备重量，便于使用和运输，而且具有自动调谐、多重保护、试验电压波形良好等优点。

对于现场不具备进行串联谐振耐压条件的项目，可采用频率为0.1Hz的超低频交流电压进行耐压试验。

1. 变频串联谐振试验原理

变频串联谐振试验原理如图5-1所示，其中VF为变频电源，L为电抗器，C_x为被试电缆的等效电容，C_1、C_2分别为电容分压器高、低压臂。利用励磁变压器激发串联谐振回路，通过调节电源的输出频率，使得试验回路中的感抗（ωL）和容抗（ωC_x）相等，此时回路形成串联谐振，回路中无功趋于零，回路电流最大且与输入电压同相位，使电感或电容两端获得一个高于励磁变压器输出电压Q倍的电压。

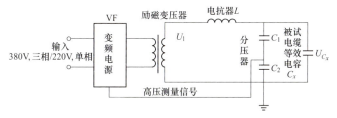

图 5-1 变频串联谐振试验原理

当电源频率f、电感L及被试品电容C_x满足式（5-1）时，回路处于串联谐振状态。

$$f_0 = \frac{1}{2\pi\sqrt{LC_x}} \qquad (5\text{-}1)$$

式中：f_0为谐振频率，Hz。

此时回路中的电流I为

$$I = I_{C_x} = I_L = \frac{U_1}{R} \qquad (5\text{-}2)$$

式中：I_{C_x}、I_L为流过电感和电容中的电流，A；U_1为励磁电压，V；R为高压回路的等效电阻。

被试品上的电压U_{C_x}为

$$U_{C_x} = \frac{I}{\omega C_x} \qquad (5\text{-}3)$$

式中：ω为电源角频率，rad/s。

输出电压U_{C_x}与励磁电压U_1之比为试验回路的品质因数Q，即

$$Q = \frac{U_{C_x}}{U_1} = \frac{\omega L}{R} \qquad (5-4)$$

由于试验回路中的 R 很小，故试验回路的品质因数 Q 很大。在大多数正常情况下，Q 可达 $15 \sim 50$，即输出电压是励磁电压的 $15 \sim 50$ 倍。因此这种方法能用电压较低的试验变压器得到较高的试验电压。

当发生串联谐振时，此电路形成一个良好的滤波电路，故输出电压 U_{C_x} 为良好的正弦波。当被试品击穿，失去谐振，高、低压电流自动减小，不会扩大被试品的故障点。

2. 0.1Hz 超低频试验原理

当现场不具备谐振耐压的条件时，可采用频率为 0.1Hz 的超低频交流电压对 35kV 及以下电压等级的电缆线路进行耐压试验，其原理如图 5-2 所示。0.1Hz 超低频交流耐压试验能有效找出交联聚乙烯绝缘电缆线路的缺陷，其频率仅为工频的 1/500，由无功功率的计算公式 $Q = 2\pi f C U^2$ 可知，理论上 0.1Hz 的试验设备容量可以比工频交流试验的试验设备容量减小 500 倍。

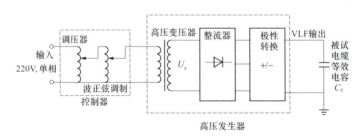

图 5-2　0.1Hz 超低频试验原理

0.1Hz 超低频试验装置的容量由被试电缆的电容电流和试验电压来确定，计算公式为

$$P = U_s I_{C0.1} = U_s 2\pi f_{0.1} C_x U_s = 2\pi f_{0.1} C_x U_s^2 \qquad (5-5)$$

式中：P 为试验装置的容量，VA；$I_{C0.1}$ 为试验频率为 0.1Hz 时流过电缆的电容电流，A；$f_{0.1}$ 为试验频率，Hz；C_x 为被试电缆电容量，μF；U_s 为试验电压，kV。

三、试验的特点和试验设备构成

1. 变频串联谐振试验系统

（1）变频串联谐振试验系统的特点。主要有以下四点：

1）适用范围广、体积小、质量轻，试验容量大、试验电压高，操作简单方便。变频电源可集调压、调频、控制及保护功能于一体，省去笨重的调压器，操作方便。由于系统Q值较高（30～150），大大减轻了由于电源容量的不足而对现场试验的制约。当电压等级较高时，电抗器可以采用多级或叠积式结构，这既便于运输又有利于现场安装。

2）安全可靠性高。试验系统可采用过电流保护、过电压保护以及放电保护等诸多保护功能，使得设备及人身的安全得到可靠的保障；当被试电缆发生闪络、放电或击穿时，由于谐振条件被破坏，短路电流小，只有试品试验电流的$1/Q$，避免了因击穿而对试品造成的损坏。

3）试验的等效性好。采用近似工频（30～300Hz）的交流电压作为试验电源，在等效性上与50Hz/60Hz的工频电源非常接近，保证了试验结果的可靠性和真实性。

4）试验电压波形好。装置对高次谐波分量回路阻抗很大，所以试品上的电压波形好。

（2）变频串联谐振试验系统的设备构成。主要包括5部分，如图5-3所示。

1）变频电源。变频电源的主要作用是为整套试验装置提供幅值和频率都可调节的电压，变频电源输出功率应满足试验要求，一般不得小于励磁变压器的输出容量。为保证试验人员和试品的安全，还可具有过电压保护、过电流保护、放电保护等保护功能。

2）励磁变压器。励磁变压器的作用是将变频电源的输出电压升到合适的试验电压，满足谐振电抗器、负载在一定品质因数下的电压要求（励磁变压器的容量一般与变频电源相同），同时起到高、低压隔离的作用。励磁变压器一般为干式（环氧浇注）变压器。

3）谐振电抗器。谐振电抗器用于与试验回路中的电容进行谐振，以获得被试电缆上的高电压。根据需要，谐振电抗器可以并联连接使用，也可以串联连接使用，组成谐振电抗器组，以满足试验电压、容量和频率的要求。

4）电容分压器。电容分压器是高电压测试器件，用来测量高压侧电压并提供保护信号，系统在计算各参数时应考虑电容分压器的电容量。电容分压器由高压臂和低压臂组成，测量信号从低压臂上引出，作为试验电压测量和保护信号。

5）补偿电容器。补偿电容器主要用来补偿试验回路电感，使试验回路满足谐振条件和试验要求。当被试电缆的等效电容比较小时，系统谐振频率就比较高，可能不在系统规定的工作频率范围内。为了降低系统的谐振频率，这时可以通过在分压器两端并联一个或者多个补偿电容器的方法把系统谐振频率降低到期望的频率范围内。当被试电缆等效电容值较大时，可以不用增加补偿电容。

(a)　　　　(b)　　　　(c)　　　　(d)　　　　(e)

图 5-3　变频串联谐振试验系统的主要设备

（a）变频电源；（b）励磁变压器；（c）谐振电抗器；（d）电容分压器；（e）补偿电容

2. 0.1Hz超低频试验系统

（1）超低频试验系统的特点。主要有以下3个特点：

1）设备体积小、质量轻、成本低。超低频试验设备的实际容量和体积都远小于工频交流耐压试验设备，具有设备轻便、体积小等优点，另外设备成本接近直流测试系统。

2）易于接线、操作简易。超低频耐压试验设备一般为一体化设备，现场接线方便、操作简单容易。

3）可用于测电缆的介质损耗。用0.1Hz超低频正弦电压试验时，可以测量电缆的介质损耗，为检测绝缘中的水树并全面地评价电缆的绝缘状况提供参考。

（2）超低频试验系统的设备构成。主要包括以下2部分：

1）控制器。控制整套试验装置，为高压电源提供超低频信号输入，主要由电源模块、微机控制超低频信号发生器、电压整定控制、过电流保护、过电压保护等功能电路块组成。

2）高压发生器。主要给被试电缆提供试验所需的高电压，由升压变压器、高压整流器、电压电流采样整件等组成。

超低频试验装置因为体积小、质量轻，一般情况下可以把控制器、高压电源、分压器集成到一起，形成一体化设备（见图5-4），这样现场接线更加简洁可靠。

图5-4　超低频可分离式一体化设备

第二节　试验要求及判据

一、总体要求

（1）被试电缆已安装到位，达到投运状态。

（2）电缆屏蔽层过电压保护器短接，并使测量端电缆金属屏蔽或金属套临时接地。

（3）电缆终端与环网柜相连，应采取相应措施断开与电缆的连接并接地（将现场布置成检修状态），且与电缆的间距应满足电缆交流耐压试验时不产生放电和击穿。作业现场不允许以环网柜柜体作为试验接地，应谨慎选择试验接地体，保证试验接地安全可靠。

（4）试验电压从电缆的终端头施加，试验前试验套管应安装到位且符合试验要求。试验其中一相时，该相屏蔽层应连同其他两相屏蔽层、导体一起接地。

（5）现场提供足够容量的试验电源，协助试验人员连接高压引线。

二、参数估算

在对电缆线路进行耐压试验前，应估算被试电缆的谐振频率及试验电流，从而确认试验所需的电源容量及设备配置。其中试验电流应小于试验仪器的额定电流，以确保试验仪器有足够的容量来完成被试电缆的耐压试验。

假设分别对一条长度为0.6km的YJV22—8.7/15kV—3×70mm²电缆和一条长度为2km的YJV22—8.7/15kV—3×300mm²电缆进行变频耐压试验，两条电缆的投运时间均不超过3年。

现有试验设备配置如下：

（1）变频电源（1台）。输入电压：380V，三相，50Hz；输出电压：0～350V；输出容量：30kW；输出电流：85A；频率调节范围：30～300Hz。

（2）励磁变压器（1台）。输入：350V，50Hz，85A；输出：1.5kV/20A，3kV/10A，4.5kV/5A，6kV/5A；额定容量：30kVA。

（3）试验电抗器（4只）。额定电压：27kV；额定电流：3A；额定容量：81kVA；额定电感量：40H。

（4）110/0.001分压器（1只）。电容量：1000pF；额定电压：110kV；精度：1级。

1.线路1参数估算

线路1：YJV22—8.7/15kV-3×70mm²，长度为0.6km。

（1）计算该电缆电容量。查表知8.7/15kV—3×70mm²交联聚乙烯电缆电容量为0.217μF/km，故电缆电容量为

$$C_x=0.217 \times 0.6=0.1302（\mu F）$$

（2）确定串联电抗器数并验证。首先考虑试验电压，按照规程，投运时间不大于3年的电缆试验电压为$2.5U_0$，即

$$U_s=2.5 \times 8.7=21.75(kV)$$

电抗器的额定电压为27kV，从运行电压的参数来考虑，串、并联方式均可在试验电压下运行。假设采用一台电抗器，试算谐振时的频率为

$$f_1 = \frac{1}{2\pi\sqrt{L(C_x+C_0)}} = \frac{1}{2 \times 3.14 \times \sqrt{40 \times (0.1302+0.001) \times 10^{-6}}} = 69.5(HZ)$$

式中：L为试验电抗器电感量；C_x为电缆估算电容量；C_0为分压器的电容量。

谐振频率在可调频率范围内，符合要求。

谐振时，试验电压下回路的电流为

$$I_1 = 2\pi f_1 C U_s = 2 \times 3.14 \times 69.5 \times (0.1302+0.001) \times 10^{-6} \times 21.75 \times 10^3 = 1.25(A)$$

其中I_1为谐振时的回路电流，C为C_x与C_0之和。

回路电流I_1小于电抗器额定电流3A，符合要求。

（3）判断试验容量是否符合要求。谐振时的试验容量为

$$P_1 = U_s I_1 = 21.75 \times 1.25 = 27.2(kVA)$$

小于励磁变压器的输出容量30kVA，符合要求

2.线路2参数估算

线路2：YJV22—8.7/15kV—3×300mm²，长度为2km。

（1）确定该电缆电容量。查表知8.7/15kV—3×300mm²交联聚乙烯电缆电容量为0.37μF/km，故电缆电容量为

$$C_x=0.37 \times 2=0.74（\mu F）$$

（2）确定串联电抗器数并验证。按照规程，投运时间不大于3年的电缆试验电压为 $2.5U_0$，即

$$U_S = 2.5 \times 8.7 = 21.75 \, (\text{kV})$$

由于单只电抗器的额定电压为27kV，大于试验电压，满足电抗器耐压要求。假设采用一只电抗器，谐振频率为

$$f_2 = \frac{1}{2\pi\sqrt{L(C_x + C_0)}} = \frac{1}{2 \times 3.14 \times \sqrt{40 \times (0.74 + 0.001) \times 10^{-6}}} = 29.3 \, (\text{HZ})$$

此时谐振频率小于设备可提供的30Hz起振频率，故不满足要求。

假设采用两只电抗器并联，此时电感值为40/2=20（H），谐振频率为

$$f_2 = \frac{1}{2\pi\sqrt{L(C_x + C_0)}} = \frac{1}{2 \times 3.14 \times \sqrt{20 \times (0.74 + 0.001) \times 10^{-6}}} = 41.4 \, (\text{HZ})$$

谐振频率在设备可调频率范围内，满足要求。

谐振时，试验电压下回路的电流为

$$I_2 = 2\pi f_2 C U_s = 2 \times 3.14 \times 41.4 \times (0.74 + 0.001) \times 10^{-6} \times 21.75 \times 10^{3} = 4.2 \, (\text{A})$$

两台相同电抗器并联运行，单台电抗器的电流为 $I_2/2$，即2.1A，小于电抗器额定电流3A，符合要求。

（3）判断试验容量是否符合要求。谐振时的试验容量为

$$P_2 = U_s I_2 = 21.75 \times 4.2 = 91.35 \, (\text{kVA})$$

此时试验容量大于励磁变压器的输出容量，故该励磁变压器不符合试验要求。

综上，线路1可以用该套试验设备进行试验；线路2试验时需要两只电抗器并联，但励磁变压器需要重新选配，否则不能满足试验要求。

三、判据

根据Q/GDW 11838—2018《配电电缆线路试验规程》的规定，配电电

缆主绝缘交流耐压采用20～300Hz交流电压对电缆线路进行试验时的要求见表5-1。

表 5-1　　　　　　　　　配电电缆主绝缘交流耐压试验要求

电压形式	额定电压 U_0/U(kV)			
	18/30 及以下		21/35 与 26/35	
	新投运线路或不超过3年的非新投运线路	非新投运线路	新投运线路或不超过3年的非新投运线路	非新投运线路
	试验电压（时间）			
20~300Hz 交流电压	$2.5U_0$(5min) 或 $2.0U_0$(60min)	$2.0U_0$(5min) 或 $1.6U_0$(60min)	$2.0U_0$(60min)	$1.6U_0$(60min)
0.1Hz 超低频	$3.0U_0$(15min) 或 $2.5U_0$(60min)		$2.5U_0$(15min) 或 $2.0U_0$(60min)	

以新投运线路或投运时长不超过3年的YJV22—8.7/15kV—3×300mm²电缆为例，试验电压为$2.5U_0$的加压曲线如图5-5所示。

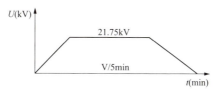

图 5-5　交流耐压试验加压曲线

试验中如无破坏性放电发生，则认为通过耐压试验。

第三节　操作流程

一、操作流程图

交流耐压试验操作流程如图5-6所示。

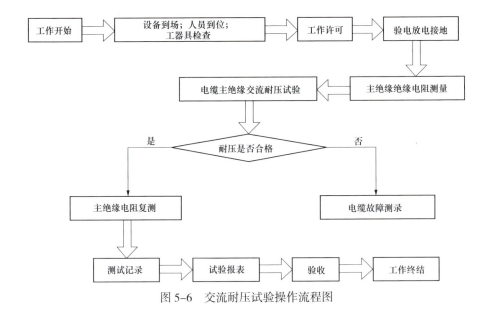

图 5-6　交流耐压试验操作流程图

二、工器具和仪器仪表（见表5-2）

表 5-2　　　　　　　　　　工器具和仪器仪表

序号	名称		型号／规格	单位	数量	备注
1	绝缘防护用具	绝缘手套	选取相应电压等级	副	1	放电操作用
		安全帽	选取相应电压等级	顶		每人一顶
		绝缘垫	选取相应电压等级	块		按照场地需求
2	绝缘操作工具	高阻放电棒	选取相应电压等级	支	1	电缆试验前后，放电用
		接地线	选取相应电压等级	副	2	

续表

序号	名称		型号／规格	单位	数量	备注
3	交流耐压试验设备	万用表		台	1	核对相位用
		绝缘电阻检测仪	2500V 及以上	台	1	应具备 5000V、2500V 两个测量档位
		交流耐压试验系统	10kV/35kV	套	1	串联谐振系统
4	其他主要工器具	验电器	选取相应电压等级	支	2	
		温湿度计		块	1	
		计时器		块	1	通过相关校验
		安全遮栏（围栏）		套	若干	
		安全标识牌		块	若干	
		对讲机		只	2	可根据电缆长度选择
5	材料和备品、备件	试验连接线		根	若干	
		清洁布		包	1	

三、危险点分析及预防控制措施（见表5-3）

表 5-3　　　　　　　　危险点分析及预防控制措施

序号	危险点	预防控制措施
1	作业人员进入作业现场不戴安全帽，不穿绝缘鞋，操作人员没有站在绝缘垫上，可能会发生人员伤害事故	进入试验现场，试验人员必须正确佩戴安全帽，穿绝缘鞋，操作人员站在绝缘垫上

序号	危险点	预防控制措施
2	作业人员进入作业现场可能会发生走错间隔及与带电设备保持距离不够的情况	开始试验前，负责人应对全体试验员详细说明试验中的安全注意事项；确保操作人员及测试仪器与电力设备的中压部分保持足够的安全距离，根据带电设备的电压等级，试验人员应注意保持与带电体的安全距离不应小于 GB 26861—2011《电力安全工作规程　高压试验室部分》中规定的距离
3	高压试验区不设安全围栏，会使非试验人员误入试验场地，造成触电	试验区应装设专用遮栏或围栏，围栏与设备高压部分有足够的安全距离，围栏上向外悬挂"止步，高压危险！"的标示牌，围栏出入口处悬挂"从此进出"标识牌，被试设备处挂"在此工作"标识牌，并有专人监护，严禁非试验人员进入试验场地
4	加压时无人监护，升压过程不呼唱，可能会造成误加压或非试验人员误入试验区，造成人员触电或设备损坏	试验过程应派专人监护，升压时进行呼唱，试验人员在试验过程中注意力应高度集中，防止异常情况的发生。当出现异常情况时，应立即停止试验，查明原因后，方可继续试验
5	登高作业可能会发生高处坠落和设备损坏	工作中如需使用登高工具时，应做好防止设备损坏和人员高处摔跌的安全措施
6	试验设备接地不良，可能会造成试验人员受伤或仪器损坏	试验器具的接地端和金属外壳应可靠接地，试验仪器与设备的接线应牢固可靠
7	不断开试验电源，不挂接地线，可能会对试验人员造成伤害	遇异常情况、变更接线或试验结束时，应首先将电压回零，然后断开电源侧隔离开关，并在试品和加压设备的输出端充分放电并接地
8	试验设备和被试设备因不良气象条件和外绝缘脏污引起外绝缘闪络	高压试验应在天气良好的情况下进行；遇雷雨大风等天气应停止试验；禁止在雨天和湿度大于 90% 时进行试验；保持设备绝缘清洁
9	对电缆上其他设备误加压，造成设备损坏	拆除金属护套过电压保护器
10	电缆上残余电荷造成人员触电	进行试验接线前，以及试验结束后，对被试电缆进行充分放电；加压试验期间，非被试电缆短路接地
11	试验完成后没有恢复设备原来状态，导致事故发生	试验结束后，恢复被试设备原来状态，检查和清理现场

四、试验前准备

（1）了解现场气象条件。判断试验现场条件是否符合GB 26861—2011《电力安全工作规程 高压试验室部分》对该作业的要求。电缆试验应在良好天气下开展，若遇雷电、雪、雹、雨、雾等不良天气应暂停检测工作。试验过程中若遇天气突然变化，有可能危及人身及设备安全时，应立即停止工作，撤离人员，恢复设备正常状况，或采取临时安全措施。

（2）现场勘查。现场总工作负责人应提前组织有关人员进行现场勘查，根据勘查结果做出能否进行电缆交流耐压试验的判断，并确定应采取的安全技术措施。现场勘查包括作业现场道路是否满足要求、能否停放作业车、工作现场的电源引入处配置是否符合要求等。

（3）组织现场作业人员学习试验方案，交代工作任务。使作业人员掌握整个操作程序，理解工作任务及操作中的危险点及控制措施。

（4）检查作业人员精神状态是否良好，人员是否合适。

（5）检测试验设备、仪器仪表、工器具。检查绝缘电阻测试仪、交流耐压试验设备性能是否正常，保证设备电量充足或者现场交流电源满足仪器使用要求。核对绝缘工器具和辅助器具的使用电压等级和试验周期并检查外观完好无损。清点并检查安全用具等是否齐全，且在有效期内，并摆放整齐。

（6）准备工作。

1）工作负责人核对电缆线路名称，在试验点操作区域装设安全围栏，悬挂标识牌，试验前封闭安全围栏。

2）确认电缆已停电，做好验电、放电和接地工作。电缆放电时采用高压放电棒，先用带电阻的放电端部渐渐接近电缆的接线端子放电（阻放），待放电不再有明显火花时，再用放电棒上接地线上的钩子钩住试品，进行第二次直接对地放电（直放）。装设接地线时应先接接地端，后接导线端，拆接地线的顺序与此相反。

3）拆开电缆两端连接设备，清洁电缆两侧终端。

五、试验过程

1.核对相序和相色

使用万用表或绝缘电阻表做导通试验，并且核对相序、检查相色。

2.主绝缘绝缘电阻测量

对电缆A、B、C三相分别进行绝缘电阻测量并记录测量结果。

以电缆A相为例，将电缆对侧三相全部悬空，被试电缆B、C相短路接地，将被试电缆铜屏蔽引线、铠装引线短路接地，接地时先接地端再接设备端。用绝缘电阻表测量电缆A相。测量完毕后应采用放电棒对A相进行放电，先经放电电阻放电，再直接放电。

按照以上步骤，再分别测试B、C相绝缘电阻。记录三相绝缘电阻测量结果。

3.交流耐压试验

（1）变频串联谐振交流耐压试验。

1）正确接线。检查并核实电缆两侧是否满足试验条件，按照图5-7正确连接试验设备，先将试验设备外壳接地，变频电源输出与励磁变压器输入端相连，励磁变压器高压侧尾端接地，高压输出端与电抗器尾端连接。如电抗器两节串联使用，注意上下两节首尾连接。电抗器高压端采用大截面软引线与分压器和电缆被试芯线相连。若试品容量较小可并联补偿电容器，若试品容量较大可并联电抗器。非试验相、电缆屏蔽层及铠装层接地。高压引线应尽可能短，绝缘距离足够，试验接线准确无误且连接可靠。

2）开始试验前再次检查接线无误。试验时首先合上电源开关，再合上变频电源控制开关和工作电源开关，整定过电压保护动作值为试验电压值的1.1～1.2倍，检查变频电源各仪表档位和指示是否正常。

3）合上变频电源主回路开关，调节电压至试验电压的3%～5%，然后调节频率，观察励磁电压和试验电压。当励磁电压最小，输出的试验电压最高时，表明回路发生谐振，此时应根据励磁电压和输出的试验电压的比值计算出系统谐振时的Q值，根据Q值估算出励磁电压能否满足耐压试验值。若励磁电压不

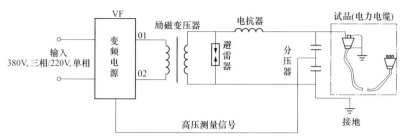

图 5-7　电缆变频串联谐振试验接线

能满足试验要求，应停电后改变励磁变压器高压绕组接线，提高励磁电压。若励磁电压满足试验要求，按升压速度（1~2kV/s）要求升压至耐压值，记录电压和时间。加压过程应有专人监护，全体试验人员应精力集中，随时准备异常情况发生；一旦出现放电和击穿现象，应听从试验负责人的指挥，将电压降至零，切除试验电源，分析清楚情况后方可重新进行试验。升压过程中注意观察电压表和电流表及其他异常现象，到达试验时间后，降压，依次切断变频电源主回路开关、工作电源开关、控制电源开关和电源开关，对电缆进行充分放电并接地后，拆改接线。

重复上述操作步骤进行其他相试验。

（2）超低频交流耐压。

1）正确接线。检查并核实电缆两侧是否满足试验条件。按照图5-8正确连接试验设备，先将试验设备外壳接地，高压输出端接被试电缆，控制器输出与高压发生器输入连接，非试验相、电缆屏蔽层及铠装层接地。高压引线应尽可能短，绝缘距离足够，试验接线准确无误且连接可靠。

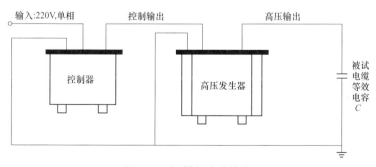

图 5-8　超低频试验接线

2）开始试验前再次检查接线无误。试验时首先合上电源开关，再合上控制器电源控制开关和工作电源开关，设定好试验频率、升压试验、时间和电压以及高压侧的过电流保护值和过电压保护值。

3）按升压要求加压（加压过程应有专人监护，全体试验人员应精力集中，随时准备应对异常情况发生；一旦出现放电、击穿输出波形畸变等现象，应听从试验负责人的指挥，将电压降至零，切除试验电源，分析清楚情况后方可重新进行试验），升至试验电压时开始记录试验时间并读取试验电压值。试验过程中注意观察电压表和电流表及其他异常现象，到达试验时间后，降压，切断电源，对电缆进行充分放电并接地后，拆改接线。

重复上述操作步骤进行其他相试验。

4.主绝缘绝缘电阻复测

试验结束后对电缆A、B、C三相分别进行绝缘电阻复测并记录测量结果。

5.测试记录

主绝缘绝缘电阻测量、交流耐压试验同时做好测试记录。交联聚乙烯电缆交流试验报告（见表5-4）中规定的记录内容包括线路名称、试验地点、试验时间、占空比、谐振频率、励磁电压、励磁电流、试验电压等。

表5-4　　　　　　　　　交联聚乙烯电缆交流试验报告

线路名称			试验日期		温度	
试验地点			天气		湿度	
电缆规格		电缆型号			电缆截面积（mm²）	
电压等级（kV）				电缆长度（m）		
电缆主绝缘电阻值（MΩ）						
试验电压（kV）：			试验设备型号：			
耐压前	A相对地：		B相对地：		C相对地：	
耐压后	A相对地：		B相对地：		C相对地：	

续表

变频串联谐振交流耐压						
相序	试验电压（kV）	占空比（%）	谐振频率（Hz）	励磁电压（V）	励磁电流（A）	试验时间（min）
A 相						
B 相						
C 相						
试验设备型号：						
超低频交流耐压						
相序	频率（Hz）		试验电压（kV）		试验时间（min）	
A 相						
B 相						
C 相						
试验设备型号：						
试验结论						
试验人员			审核人员			
备注						

试验时为确保试验流程无遗漏，可以使用试验工序卡（见表5-5）。

表 5-5 　　　　　　　　电力电缆交流耐压试验工序卡

设备（线路）名称_____

一	试验准备		
编号	项目	要求	执行情况（√）
1	了解被试电缆状况	较全面了解	
2	试验方案	通过审核审批	
3	准备必要的仪器仪表及工器具	完整无缺	

续表

一	试验准备		
编号	项目	要求	执行情况(√)
4	试验负责人进行试验人员的分工	分工明确	
5	核对被试设备，确认设备状态	被试设备具备试验方案上的试验条件	
6	试验方案交底，交代安全措施和注意事项	交底完备	
7	确认现场安全措施已经完备，监护人员已就位	完全确认	
二	试验过程		
编号	项目	要求	结果（√）
1	核对相序，检查相色	使用万用表或绝缘电阻表测试	
2	试验设备就位，检查试验设备	设备在被试电力电缆附近就位，试验设备外观上没有部件损坏等问题	
3	试验接线	按照试验方案要求	
4	检查试验接线	接线连接正确无误，牢固可靠	
5	检查安全措施	电缆两侧安全措施完备无误，监护人员就位	
6	交流耐压试验前对被试电缆做核对相色操作及绝缘电阻测量	绝缘电阻值满足相应标准要求	
7	试验设备检查及空载升压	试验设备正常，各个仪表显示无误	
8	带被试电缆进行试验回路频率谐振点调节（串联谐振）	试验频率范围是 30~300Hz，推荐试验频率 45~65Hz	
9	加压测量 A 相	按照试验方案要求进行	
10	更改接线测量 B 相	按照试验方案要求进行	
11	更改接线测量 C 相	按照试验方案要求进行	
12	各相绝缘电阻试验后测量	加压前后绝缘电阻无明显变化	

三	试验终结		
编号	项目	要求	执行情况(√)
1	试验负责人确认试验内容	无遗漏	
2	试验负责人初步检查试验结果	试验数据准确	
3	试验拆线，设备装车	无遗留物	
4	试验负责人检查被试设备是否恢复到试验前的状态	确认无误	
5	拆除试验专用安全措施	无遗漏	
6	清理试验现场，试验人员撤离	无遗漏	
四	试验结论		
自检记录	试验结论		
	存在问题及处理意见		
试验负责人		试验人员	
试验日期			

六、试验总结

（1）召开现场收工会，作业人员向工作负责人汇报测试结果，工作负责人对完成的工作进行全面检查并做工作点评和总结。

（2）清点工具，清理工作现场，检查被试设备上无遗留工器具和试验用导地线，回收设备材料，拆除安全围栏，人员撤离。

【思考与练习】

1.配电电缆交流耐压试验有哪些试验方法？

2.串联谐振交流耐压试验的补偿电容值应如何选择？

【知识延伸】

使用串联谐振耐压设备进行交流耐压试验时，还应注意以下几点：

1.在进行试验前，必须知道被测设备的无损检测项目是否合格；如有任何缺陷或异常，应在排除后进行。

2.试验场地应设围栏，悬挂警示标志，并有专人监护。

3.在测试前擦拭被测设备的绝缘表面，测试设备与测试产品外壳和未测量绕组应可靠接地；对于多油性设备，在进行测试前，应先对其进行一定时间的静置。

4.调整保护球间隙，使放电电压为试验电压的105%~110%，连续三次试验应无明显差异，并检查过流保护装置运行的可靠性。

5.根据测试接线图连接接线后；应由专人检查其是否正确（包括引至地面的距离、安全距离等）。

6.加压前，检查调压器是否处于零位；确认压力调节器在零位后可加压，高呼"准备升压"后方可进行操作。

7.对于升压速度，当试验电压小于30%时，可以稍快一点；此时升压应均匀，按每秒5%试验电压速度升压。

8.在升压过程中应监测电压表和其他仪表的变化；当额定测试电压为0.5倍时，应读取被测设备的电容电流；当上升到额定电压时，再次读取电容电流并开始计算时间。

9.如果在试验中发现电压表的指针摆动非常大，在绝缘表面上有烟、火或连续的火花放电，需立即降低电压，找出原因。

10.试验前、后应测量试验设备的绝缘电阻和吸收比，两者之间应无明显差异。

第六章

电缆超低频介质损耗测量

本章介绍电缆超低频介质损耗测量相关内容和要求，以及电缆超低频介质损耗测量的操作方法及结果判据。通过对概念和要点的学习领会，掌握电缆超低频介质损耗的测量方法和步骤。

第一节 概述

一、试验目的

介质损耗是绝缘材料在电场作用下由于介质电导和介质极化的滞后效应，在其内部引起的能量损耗，也叫介质损失，简称介损。在交变电场作用下，电介质内流过的电流相量和电压相量之间的夹角（功率因数角 φ）的余角 δ 称为介质损耗角，其正切值 $\tan\delta$ 常被用来量化介质损耗的大小，表示在一定的交流电压下，电缆绝缘所表现出的等效电阻 R_g 的大小。

在电缆的全寿命周期内，电缆必须经受热的、电气的、机械的和恶劣环境的种种考验，绝缘特性会逐步降低。介质损耗能反映出电缆绝缘的一系列缺陷，包括电缆受潮、接头老化、水树发展程度及局部放电等。这是由于当这些缺陷产生时，流过绝缘体的电流中有功分量增大，介质损耗也增大。介质损耗不但会使绝缘的温度升高，加速绝缘介质老化，而且当温度升高到一定程度后会引起绝缘发生热击穿而失效，因此介质损耗越小越好。

在电缆投运的早期和中期，绝缘尚未出现明显的老化，此时介质损耗变大的最主要因素是绝缘层里的水树枝。水分通过附着在电缆接头上，或在电缆外护套破损后，由外而内慢慢渗入电缆绝缘层，在电场的长期作用下形成水树枝。由于水树枝是导电的，不会发生局部放电，通过局部放电检测技术不能发现绝缘的水树枝。但是电缆绝缘中导电的水树区域有电损耗存在，会引起介质损耗的增加。水树枝产生后会缓慢地生长和壮大，一般为6～15年。水树枝在一定情况下会转换为电树枝，可能将电缆在几周到几个月内击穿，对电缆的可靠运行是一个致命的打击。对于配电网中广泛使用的交联聚乙烯电缆（XLPE）来说，水树枝是最重要的加速老化特征，因此，通过介质损耗测量来判断在运电缆是否存在进水或者水树枝劣化，进而对电缆的整体老化、受潮状态进行评估是非常有必要的。大型水树枝在加压下发展为电树枝的过程如图6-1所示。

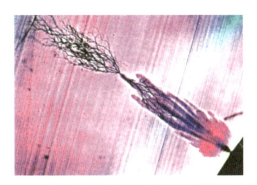

图 6-1　大型水树枝在加压下发展为电树枝的过程

二、技术原理

超低频介质损耗测量技术是通过在超低频（0.1Hz）正弦电压激励下测量电缆的整体介质损耗水平来评估电缆绝缘状态的一种检测技术。研究表明，在超低频下测量交联电缆的介质损耗比工频电压更能发现水树枝老化缺陷。国内外对采用超低频介质损耗测量技术来判断电缆线路的缺陷状况做了大量试验与研究，得出了以下主要结论：

（1）若在同一测试电压下，随着测量次数的增加 $\tan\delta$ 值下降；或者随着测试电压的增加 $\tan\delta$ 值下降，则可认为电缆的中间接头轻微受潮。$\tan\delta$ 值下降是由于在加压过程中水分受热蒸发，导致电缆接头绝缘恢复。

（2）对于运行中的电缆，若其超低频 $\tan\delta$ 值严重偏离正常值，通常为电缆接头有大量水分浸入的缘故。

（3）当被测电缆接头或电缆终端里没有水分入侵时，由于电缆附件的安装工艺不佳等人为缺陷无法通过测量 $\tan\delta$ 值来发现。

因此，可通过获取超低频下 $\tan\delta$ 平均值、$\tan\delta$ 随时间稳定性、$\tan\delta$ 变化率三个指标来评价 XLPE 电缆线路的整体劣化状况，例如电缆本体的整体老化水平及电缆本体、终端或接头是否存在浸水的情况。

在电缆本体出现水树枝等绝缘老化及中间接头、终端等电缆附件出现轻微进水、受潮的阶段，若尚未出现放电性缺陷，且绝缘电阻测量、局部放电检测等手段均未显示异常时，可通过测量电缆介质损耗来反映电缆绝缘的整体状态，诊断附件是否存在潮湿进水，及时帮助运行人员发现一些潜在的早期缺陷。

三、测试系统组成

根据数据采样在高压侧还是低压侧的不同，超低频介质损耗测试系统主要有以高压侧采样为代表的德国 SebaKMT 公司和以低压侧采样为代表的奥地利 Baur 公司的产品。德国 SebaKMT 公司超低频介质损耗测试系统主要由如图 6-2 所示的计算机及测量软件、含高压源的测试主机、高压测量单元 MDU 等部分及特制柔性连接电缆组成。含高压源的测试主机主要作为提供超低频正弦电压的发生器。高压测量单元 MDU 串联在高压输出线与高压电极之间，主要用于采集阻性电流和容性电流、绝缘电阻、电缆容量等数据。设备测量精度一般不低于 1×10^{-4}，分辨率不应低于 1×10^{-5}。计算机及测量软件主要进行数据处理及优化，给出评价结果。三脚架用于支撑 MDU 及保持 MDU 对地绝缘。图 6-3 展示了超低频介质损耗测试系统连接示意图。

(a)　　　　　　　　(b)　　　　　　　　(c)

图 6-2　德国 SebaKMT 公司超低频介质损耗测试系统组成
（a）计算机及测量软件；（b）含高压源的测试主机；（c）高压测量单元 MDU

第二节　检测方法与要求

一、试验前准备

超低频介质损耗测量试验对环境、电源和接地条件的要求与局部放电试验基本相同。试验前同样需要进行电缆预处理、绝缘电阻测试和电缆参数测量。特别

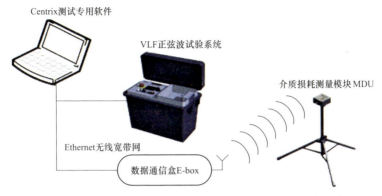

图 6-3　德国 SebaKMT 公司超低频介质损耗测试系统连接示意图

需要注意的是被测电缆的远端三相应当悬空，并清除终端表面的污秽，三相分开并保持足够的安全距离，非试验相应保持接地。

二、试验接线

德国 SebaKMT 公司超低频介质损耗测量试验接线如图 6-4 所示。将含高压源的测试主机与高压测量单元 MDU（MDU 放在三脚架上）通过高压输出线连接，MDU 输出端口接红色高压测量线，高压测量线另一端接电缆的其中一相，测试完成并进行充分放电后再依次更换其他两相。确认测试主机及三脚架的保护

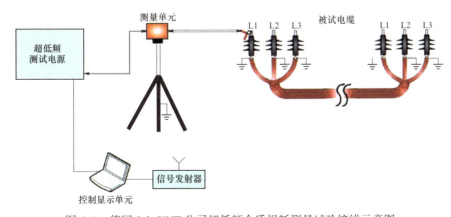

图 6-4　德国 SebaKMT 公司超低频介质损耗测量试验接线示意图

接地接好。试验时电缆金属屏蔽层和铠装应采用单点接地，高压输出线工作地接电缆屏蔽层地线。

为排除泄漏电流的影响，可通过接入TCU以彻底屏蔽和剔除电缆终端泄漏电流和电晕对测量结果的影响，以确保获得较高的介质损耗测量准确度，精确测得新电缆等介质损耗水平非常小的电缆介质损耗值（见图6-5）。其中TCU终端补偿单元连接在被测电缆的另一只电缆终端头的伞裙最下缘，用来准确测量泄漏电流，TCU泄漏电流终端模块通过一条光纤与MDU介质损耗测量模块相连。

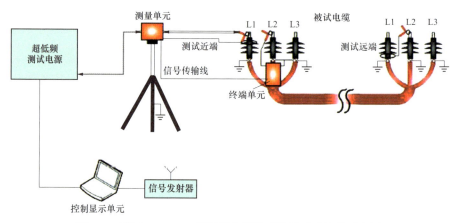

图 6-5　德国 SebaKMT 超低频介质损耗测量试验接线示意图

（电缆终端屏蔽含有污秽的情况下）

奥地利Baur超低频介质损耗测量试验接线如图6-6所示。

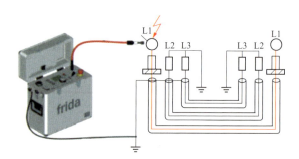

图 6-6　奥地利 Baur 超低频介质损耗测量试验接线示意图

三、参数设置

测试前在测试主机上设置电缆名称、长度、电缆绝缘类型、敷设方式等信息。

四、加压测试

（1）测试前使用万用表或绝缘电阻表核对相序，检查电缆相色标记。

（2）常规测试模式。合上电源，对被测电缆进行加压。测量应不少于3个测量电压，宜在$0.5U_0$、U_0、$1.5U_0$电压下分别测量被试相电缆的介质损耗因数，每相电缆单独测试。试验时，电压应按图6-7所示，以$0.5U_0$的步进值从$0.5U_0$开始升高至$1.5U_0$，在每一个步进电压下应完成不少于5次介质损耗因数测量，每两次测量之间应间隔10s。系统一般会按照程序自动完成$0.5U_0$、U_0和$1.5U_0$升压和介质损耗测试，测量软件界面将自动实时展示电压、介质损耗等数据（见图6-8）。

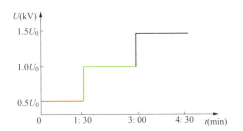

图 6-7　超低频介质损耗检测加压程序

相关研究表明存在水树老化现象的电缆，在0.1Hz电压试验下，其$\tan\delta$值随电缆短接放电时间增加而逐渐增大，因此在测试超低频$\tan\delta$的过程中，应该严格按照统一的测试程序进行。

第一相测试结束后，将电压降至0V，对被试相电缆进行充分放电，确认安全之后，更换另一相电缆进行测试，重复以上操作，依次完成其余相电缆的测试。测试完成后，试验数据经过设备自动处理，得到三个电压下相关介质损耗数据以及测试曲线。

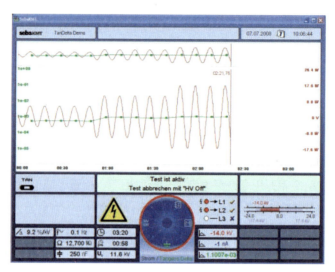

图 6-8　介质损耗随测试电压的变化趋势（加压过程中）

（3）耐压和介质损耗同步测试。当在常规模式下试验发现电缆介质损耗超标时，也可选择进行耐压和介质损耗同步测试，来判别电缆是否存在较为严重的局部缺陷。

此外，当需要采用超低频正弦波电压开展耐压试验时，可同步开展介质损耗测量，或在测试设备具备相应功能的条件下，开展超低频耐压、介质损耗、局部放电三合一测试试验，但需谨慎评估超低频正弦波电压下局部放电检测的有效性。

五、试验结束

测试结束后对设备和电缆进行充分放电和验电，并对电缆再次进行绝缘电阻测试后，还原电缆原始接线状态。

六、危险点分析及预防控制措施

同第五章中表5-3内容。

第三节 数据分析与判断

一、数据分析

通过测试软件自动绘制成如图6-9所示的三条曲线，分别对应A、B、C三相。趋势曲线可反映介质损耗在同一条电缆里相间的不平衡情况。

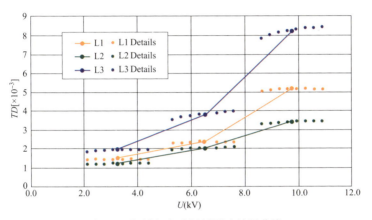

图 6-9 超低频介质损耗测试结果曲线

电缆介质损耗状态的评估是将每个电压水平下分别测量的介质损耗（TD）数值转换成以下三个指标，即介质损耗平均值、介质损耗随时间稳定性、介质损耗变化率。按以下方式分别计算测试数据的介质损耗平均值、介质损耗变化量、介质损耗稳定性。

（1）计算三相申缆在三个测量电压下的介质损耗因数的平均值$\overline{TD}$。

$$\overline{TD} = \frac{1}{n}\sum_{i=1}^{n}TD_i \qquad (6-1)$$

式中：n为每一个步进电压下介质损耗因数测量次数；TD_i为第i次测量的介质损耗因数值。

（2）计算三相电缆在$1.5U_0$和$0.5U_0$下的介质损耗变化量$d_{\overline{TD}}$（差值）。

$$d_{\overline{TD}} = \overline{TD}_{(1.5U_0)} - \overline{TD}_{(0.5U_0)} \qquad (6-2)$$

式中：$\overline{TD}_{(1.5U_0)}$ 为 $1.5U_0$ 下超低频介质损耗因数平均值；$\overline{TD}_{(0.5U_0)}$ 为 $0.5U_0$ 下超低频介质损耗因数平均值。

（3）计算三相电缆在电压 U_0 下的介质损耗稳定性 S（标准差）。

$$S = \sqrt{\frac{1}{(n-1)}\sum_{i=1}^{n}\left(TD_i - \overline{TD}\right)^2} \tag{6-3}$$

式中：n 为在电压 U_0 下介质损耗因数测量次数；TD_i 为在电压 U_0 下第 i 次测量的介质损耗因数值；$\overline{TD}$ 为在电压 U_0 下测得的介质损耗因数平均值。

测试软件将自动计算数据，并给出分析评估结果。

二、评价判据

目前，国内外主要依据 IEEE 400.2—2013《有屏蔽层电力电缆系统绝缘层现场试验与评估导则》对配电电缆进行标准化的超低频介质损耗测量和评估，以介质损耗平均值、介质损耗变化率和介质损耗稳定性的绝对值作为评价指标，或者根据与历史数据做比较的结果，如表 6-1 所示，得出正常状态、注意状态、异常状态三种状态，并相应制定"无需采取行动""建议进一步测试""立即采取检修行动"三个等级的检修策略。

表 6-1　　　IEEE 400.2—2013 对电缆超低频介质损耗测量值处理意见表

介质损耗随时间稳定性	关系	介质损耗变化率	关系	介质损耗平均值	电缆状态	检修策略
< 0.1	与	< 5	与	< 4	正常状态	无需采取检修行动
0.1 ~ 0.5	或	5 ~ 80	或	4 ~ 50	注意状态	建议进一步测试
> 0.5	或	> 80	或	> 50	异常状态	需要采取检修行动

（1）正常状态。无需采取检修行动，表示电缆绝缘状态健康。

（2）注意状态。建议进一步测试。应定期对该电缆线路进行复测，时间间隔宜为 1 年，若复测结果没有明显变化，电缆线路无需处理，继续投入运行；若复测结果较上一次测试结果明显变大，或结果值已进入需要采取检修行动的范围，应立即检查电缆线路缺陷位置，及时进行更换。

（3）异常状态。需要采取检修行动。应立即检查电缆线路缺陷位置，及时进行修复或更换。

当电缆线路需要采取检修行动时，宜通过以下措施进行。

1）对电缆通道进行巡视，查找积水、环境潮湿处的电缆进行切割处理。

2）将电缆线路划分为多个小段（宜采用二分法）重新测量介质损耗因数，对电缆线路中易受影响的组件进行目视检查，更换可能存在问题的组件或附件，特别是较陈旧的附件，并重新测量。

3）进一步开展耐压试验或局部放电试验，检查电缆线路是否有局部的异常点。

此外，Q/GDW 11838—2018《配电电缆线路试验规程》提出了在交接试验和诊断性试验中开展超低频介质损耗检测的相关要求，试验电压和检测方法的要求主要参考IEEE 400.2—2013。对于诊断性试验，仍然采用IEEE 400.2—2013的评价判据。而对于交接试验中介质损耗检测的最高试验电压和试验要求进行了细化规定，对于不含已运行电缆或附件的电缆线路，按全线电缆最高试验电压$2.0 U_0$考核，依据全新电缆试验要求评价。对于含已运行电缆或附件的电缆线路，按非全新电缆最高试验电压$1.5 U_0$考核，依据非全新电缆试验要求评价。交接试验中开展超低频介质损耗测试可作为电缆敷设安装后的检测手段之一，也可作为后续开展电缆老化评估时比对分析的重要初始数据。交接试验中超低频介质损耗检测要求见表6-2。

表6-2 Q/GDW 11838—2018 交接试验中超低频介质损耗检测要求

电压形式	试验电压		介质损耗检测数量	试验要求	
	全新电缆	非全新电缆		全新电缆	非全新电缆
超低频正弦波电压	$1.0 U_0$ $2.0 U_0$	$0.5 U_0$ $1.0 U_0$ $1.5 U_0$	每级电压下不低于5次	$1.0 U_0$下介质损耗值偏差$< 0.1 \times 10^{-3}$；$2.0 U_0$与$1.0 U_0$超低频介质损耗平均值的差值$< 0.8 \times 10^{-3}$；$1.0 U_0$下介质损耗平均值$< 1.0 \times 10^{-3}$	$1.0 U_0$下介质损耗值偏差$< 0.5 \times 10^{-3}$；$0.5 U_0$与$1.5 U_0$超低频介质损耗平均值的差值$< 80 \times 10^{-3}$；$1.0 U_0$下介质损耗平均值$< 50 \times 10^{-3}$

第四节 案例

案例1 10kV电缆中间接头进水缺陷

【电缆型号】YJV22-8.7/10-3×300

【线路长度】3913m

【终端类型】测试端（T型终端）、对端（冷缩户内终端）

【敷设方式】隧道

【投运年限】2年

【检测及诊断过程】

该电缆线路共有9组中间接头，在进行局部放电试验过程中，发生4号接头击穿故障。随即对该接头进行检查，发现在接头附近的隧道内存在大量积水，接头经解体分析后发现内部有明显进水、受潮痕迹。更换4号接头后再次进行局部放电试验，未发现明显局部放电。由于该线路所在电缆通道环境潮湿，检修人员对该线路的另外几处接头位置进行隐患排查，发现除4号接头外，5号接头所在的通道内也存在积水，决定通过超低频介质损耗检测试验对该电缆进行评估。

检测发现A相的介质损耗随时间稳定性超标，介质损耗变化率、介质损耗平均值也有不同程度升高，表明A相存在"需要采取检修行动"的严重缺陷。B相介质损耗随时间稳定性和介质损耗平均值超标，表明同样存在"需要采取检修行动"的严重缺陷。C相介质损耗随时间稳定性、介质损耗变化率、介质损耗平均值三个指标均有升高，但指标较另外两相低，提示存在一般性缺陷。具体检测结果见表6-3。

表6-3　　　　　　　　超低频介质损耗检测试验结果

相别	介质损耗随时间稳定性	介质损耗变化率	介质损耗平均值	电缆绝缘老化评价结论
A相	1.24	14.81	32.80	需要采取检修行动
B相	0.97	0.58	23.54	需要采取检修行动
C相	0.21	7.17	16.21	建议进一步测试

对高度怀疑进水受潮的5号中间接头进行解体分析，锯掉中间接头两端的内外护套搭接部分。发现一端良好，钢铠及铜屏蔽层无锈蚀现象；另一端钢铠锈蚀严重，铜屏蔽层受潮痕迹明显。深入解剖后发现绝缘橡胶件表面存在较为明显的水滴，如图6-10所示，表明水分已从内外护套搭接处渗入到电缆中间接头外护套内部。

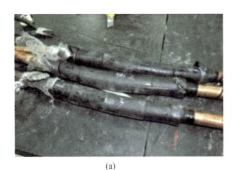 

(a) (b)

图6-10 5号中间接头解体检查
（a）外护套检查；（b）绝缘橡胶件端部防水带材检查

对三相绝缘橡胶件端部防水带材防水情况进行检查，发现防水带材搭接绝缘橡胶件端部的粘合力不足，橡胶件两端防水带材存在水渍。分析推测该接头附件安装过程中，存在内外护套搭接尺寸控制不严的问题，因此防水带材防水性能不足，导致电缆运行后环境中的潮气通过接头进入电缆内部，引起绝缘性能下降。

对5号中间接头更换后重新进行超低频介质损耗检测试验，检测结果显示正常。

案例2 10kV电缆外护套破损致本体进水缺陷

【电缆型号】YJV22-8.7/10-3×300

【线路长度】1213m

【终端类型】测试端（T型终端）、对端（冷缩户内终端）

【敷设方式】排管、直埋

【投运年限】8年

【检测及诊断过程】

该电缆线路改接后重新投运前进行交接验收试验，发现三相间绝缘电阻存在较大差异，A相为无穷大，B、C相绝缘电阻相对较低，分别为786MΩ和109MΩ。局部放电试验未发现明显的放电现象，故采用超低频测量电缆介质损耗，得到的结果见表6-4。

表6-4　　　　　　　　　超低频介质损耗检测试验结果

相别	介质损耗随时间稳定性	介质损耗变化率	介质损耗平均值	电缆绝缘老化评价结论
A 相	0.17	3.34	2.74	建议进一步测试
B 相	0.17	3.12	6.53	建议进一步测试
C 相	0.7	14.04	13.25	需要采取检修行动

由于该电缆未发现明显缺陷和故障，且无中间接头，运行年限也不算长，因此介质损耗偏大的原因怀疑来自电缆本体的水树枝，而引起水树枝生长的外界因素很可能来自电缆外护套破损。为深入查找、验证电缆介质损耗超标的原因，进行外护套故障查找，通过外护套故障定位测试仪测试人员在位于612m的电缆直埋段听到清晰的放电声音，并收到明显的声磁同步信号。对确认的故障点位置进行挖掘后，发现电缆外护套破损点（见图6-11）。

图6-11　外护套破损导致电缆本体进水受潮

通过解体后发现，电缆铜屏蔽已出现明显的铜绿腐蚀，初步判断该电缆可能在敷设阶段由于施工不当或外力破坏导致外护套破损，在长期运行过程中，土壤中潮气通过破损点逐步侵入电缆本体绝缘，导致介质损耗超标。

【思考与练习】

1.电缆的介质损耗评价指标有哪些？

2.电缆介质损耗测量有哪些注意事项？

【知识延伸】

电缆介质损耗与绝缘老化的关系非常微妙，运行过程中，由于热效应、机械应力、恶劣环境等因素导致电缆受潮、接头老化与水树劣化等，使其绝缘特性逐步降低、介质损耗增加。

1.运行年限较长的电缆

其绝缘老化主要原因是水树枝劣化。在潮湿的环境中，电场强度比较低的条件下，经过电场长时间作用，电缆绝缘内部会逐渐产生水树。水树主要由一系列含水微孔沿电场方向排列构成，微孔中聚集了极性基团与杂质导电离子等，一定程度上增大了电缆的介质损耗。水树枝产生后会缓慢地生长和壮大，并逐渐转化为电树枝。当水树枝转换为电树枝后，电缆将可能在几周到几个月内发生击穿。在此过程中，电缆的介质损耗不断增加，其绝缘特性也逐渐降低。

2.部分新投运电缆

运行初期绝缘性能便大幅下降，主要是由于安装不当或者附件质量不佳，导致电缆外皮破损等，使电缆易受潮甚至进水。电缆一旦进水，其土绝缘在强电场的作用下容易产生水解，水分被高聚物吸附、吸收并扩散，使其绝缘性能下降，介质损耗因数增大。若进水发生在电缆接头处，则接头处易形成电树枝，出现爬电现象，使其绝缘电阻值下降，介质损耗因数增大，接头绝缘老化速度加快，最后导致放电引起故障。

第七章

电缆振荡波局部放电检测

　　本章介绍电缆线路振荡波局部放电检测相关内容和要求，以及电缆线路振荡波检测的操作方法及结果判据。通过对概念和要点的学习领会，掌握电缆线路振荡波局部放电检测的方法和步骤。

第一节 概述

一、试验目的

1.局部放电的定义和危害

局部放电简称局放，是指电力设备绝缘介质在电场作用下只有部分区域发生放电，而没有形成贯穿性通道，是绝缘缺陷劣化的表征和主要原因。初期并不会造成电力中断事故，但长期会造成缺陷周围的绝缘在这种微小放电的光、电辐射作用下，逐渐发热、老化，失去绝缘性能，最终导致电缆的击穿，造成电力安全事故。

2.电缆产生局部放电的主要原因

（1）绝缘材料劣化。电缆绝缘材料是保证电缆安全运行的关键因素。随着电缆的长时间运行，绝缘材料会受到各种因素的影响，如温度、湿度等，从而导致绝缘性能下降，这种现象称为绝缘老化。绝缘老化会导致电缆局部放电的发生，进而引发电缆故障。

（2）机械损伤。电缆在运行过程中，会受到各种机械损伤，如弯曲、拉伸、挤压等。这些损伤会导致绝缘层破损，从而引发局部放电。此外，电缆在敷设过程中，由于施工工艺不当或环境因素的影响也可能导致绝缘层破损，进而引发局部放电。

（3）水分和气体侵入。电缆内部存在水分和气体是造成电缆局部放电的重要原因之一。水分和气体会加速绝缘材料的老化，导致局部放电的发生。此外，水分和气体还会形成电解质溶液，降低电缆的绝缘性能，从而增加电缆故障的风险。

（4）设计缺陷和制造工艺问题。电缆的设计缺陷和制造工艺问题也是导致电缆局放的原因之一。例如，电缆的结构设计不合理，容易导致局部应力集中；制造工艺不良，可能导致绝缘层的厚度不均匀，从而影响电缆的绝缘性能。这些问题都可能导致电缆局部放电的发生。

（5）环境因素。环境因素也会影响电缆局放的发生。例如，高温、高湿、强电磁场等环境条件会加速绝缘材料的老化，导致局部放电的发生。此外，环境中的尘埃、污垢等杂质也会附着在电缆绝缘层上，影响电缆的绝缘性能。

3.电缆线路振荡波局放检测目的

（1）监控新投运电缆的工艺质量，为施工管理提供参考依据。

（2）及时发现电缆故障隐患，减少意外停电事故的发生。

（3）评估旧电缆的运行状况，为资产管理提供决策参考。

（4）推动计划检修向状态检修转变。

二、技术原理

阻尼振荡波（Damped AC，DAC）局部放电检测技术作为一种用于交联电缆现场绝缘性能检测的新兴技术，是目前国内外研究机构与电力运行部门密切关注的热点。其技术实质是应用阻尼振荡波电压替代工频交流电压作为试验电压激发被试设备的绝缘缺陷，采用符合GB/T 7354—2018《高电压试验技术 局部放电测量》和IEC 60270:2000《局部放电测量》）标准的脉冲电流法局部放电现场测试、基于时域反射法的局部放电源定位和基于振荡波形衰减的介质损耗测量的综合测试技术。阻尼振荡波下的局部放电激发原理如图7-1所示，阻尼交流电压幅值逐渐减小，频率在几十到几千赫兹之间。由于局部放电现象和所加电压频率有直接的关系，为保证与50Hz工频的等效性，一般要求试验电压频率尽量接近50Hz。

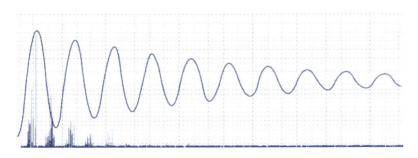

图7-1 阻尼振荡波下的局部放电激发原理

　　基于阻尼振荡波技术的局部放电测试系统（简称OWTS，见图7-2）是国内外普遍采用针对交联电缆现场绝缘性能检测的设备，根据国内外应用经验来看，该方法在现场能够有效发现因制造、敷设、安装引起的各类电缆缺陷，特别对于电缆中间接头局部放电缺陷的检出最为有效。由于电缆中间接头的局部放电多为安装质量缺陷所导致，因此采用OWTS进行局部放电定位能够实现对电缆现场安装工艺质量的有效控制。由于OWTS设备体积与传统的变频耐压局部放电设备相比更加轻便，且加压过程中设备本身不产生放电，测量时抗干扰能力强，可以施加较高的电压以有效激发出局部放电并实现放电点准确定位，所以该方法近年来在国内配电网中压电缆线路竣工试验及预防性试验中得到大力推广，在北京、上海、浙江、江苏、广东等多个地区均取得了认可。

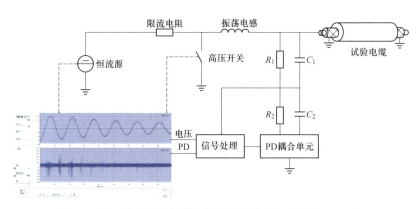

图7-2　基于阻尼振荡波的电缆局部放电试验系统（OWTS）

　　振荡波电压的产生是利用恒流电源以线性升压方式对被测电缆充电蓄能，自动加压至预设电压值，整个升压过程电缆绝缘无静态直流电场存在。加压完成后，IGBT（高压光触开关）在1μs内闭合LC回路，由测试仪器电感和被试电缆电容形成振荡回路，产生频率为20～500Hz、幅值按指数衰减的振荡交流电压，试验加压及振荡过程如图7-3所示。在振荡电压激励下，电缆内部潜在缺陷激发局部放电，测控主机通过局部放电分压耦合单元采集振荡波和局部放电信号。对被试电缆逐级加压测试、采集数据，经过数据分析后得到电缆的局部放电特征参数和放电位置。

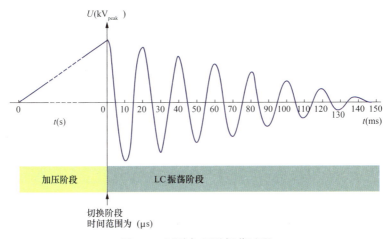

图 7-3　试验加压及振荡过程

三、测试系统组成

配电电缆OWTS主要由一体化高压发生器、测控主机、标准脉冲校准器、外部安全控制器、高压连接线、用于短电缆试验的辅助电容及其他配件组成，图7-4展示了目前国内外使用较多的几种OWTS。此外，试验中还需要绝缘电阻测试仪、波反射仪、电缆均压帽，以及接地线、放电棒等其他安全工器具，图7-5展示了几种试验所需的主要配件。阻尼振荡波局部放电试验系统及整体接线如图7-6所示。

(a)　　　　　　　　　　　　(b)　　　　　　　　　　　　(c)

图 7-4　国内外常见的几种 OWTS

（a）上海慧东公司OWTS；（b）德国 SebaKMT 公司 DAC 系统；（c）瑞士 Onsite 公司 OWTS 系统

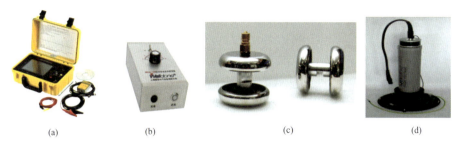

图 7-5　OWTS 的主要配件

（a）波反射仪；（b）标准脉冲校准器；（c）电缆均压帽；（d）辅助电容

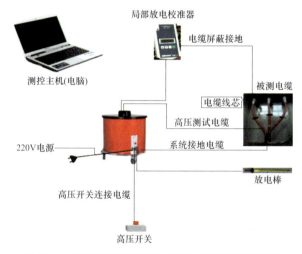

图 7-6　阻尼振荡波局部放电试验系统及整体接线

第二节　检测方法与要求

一、试验条件

1.试验环境要求

（1）试验环境的温度宜在 −10 ~ +40℃ 。

（2）空气湿度不宜大于85%。

（3）若在室外，雷、雨、雾、雪天气无法试验。

（4）试验端子要保持清洁。

（5）避免电焊、气体放电灯等强电磁信号干扰。

2.电源及接地要求

（1）试验现场电源要求：220V，50Hz。

（2）如采用发电机，发电机的功率不应低于试验要求，不可采用变频稳压发电机。

（3）现场须有可靠的接地端子。

二、试验步骤及方法

1.电缆的准备

被测电缆的准备如图7-7所示。

图 7-7　被测电缆的准备

（1）局部放电测试前，应将被测电缆段进行断电、接地、放电，确保电缆上没有残余电荷。

（2）将电缆接头处的电压互感器（TV）、避雷器等其他设备拆除，并隔离附近带电设施，布置好安全围栏。

（3）将电缆头擦拭干净，并确保电缆段两端悬空并做好均压处理，三相电缆头之间及与接地部位保持足够的绝缘距离。

（4）已经存在故障的电缆及终端未制作完的电缆不允许开展试验。

（5）收集并记录电缆长度、型号、类型、投运日期等参数。

（6）当电缆长度处于$50\mathrm{m} \leqslant L \leqslant 3\mathrm{km}$时采用一端测试，电缆长度$L > 3\mathrm{km}$时宜从电缆两端分别进行测试。

2.绝缘电阻测试

采用2500V或5000V绝缘电阻表测量电缆绝缘电阻，绝缘电阻在试验前后均需测试且应无明显变化。一般情况下，绝缘电阻大于$30\mathrm{M}\Omega$可进行下一步试验。

3.电缆参数测量

采用波反射法电缆故障定位仪（简称波反射仪，TDR）测量电缆全长及中间接头位置。要求电缆全长必须准确，以用于校准。中间接头测量尽量准确和详细，有利于判断局部放电位置。波反射仪的测量范围一般为50～15000m，因此需根据电缆长度调节测量范围。测试完成后将电缆参数、中间接头等情况与电缆线路的台账信息进行核对。

4.振荡波局部放电试验

（1）试验接线。无补偿电容的试验系统的接线方式如图7-8所示。根据所用仪器的不同，部分公司的OWTS系统当被测电缆长度小于250m时，需要连接补偿电容，则试验接线方式应为图7-9所示。

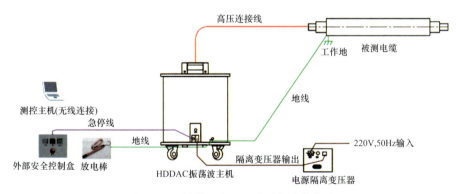

图7-8　无补偿电容的试验系统接线方式

为确保人身及设备安全，应特别注意接线顺序。分别连接并确认好高压单元的保护接地和工作接地，将放电棒与系统保护地相连，将高压开关控制连线连接

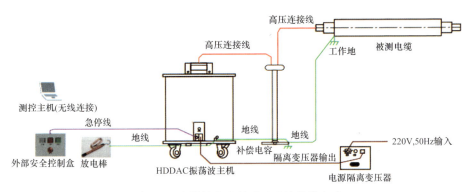

图 7-9 有补偿电容的试验系统接线方式

至外部安全控制盒，将高压单元信号线与测控主机（笔记本电脑）连接，高压侧加压引线与被测电缆连接，最后将高压单元电源线与电源连接。试验接线实物布置如图7-10所示。

图 7-10 试验接线实物布置图

放电棒和包含电源急停按钮的外部安全控制盒应尽量布置在测控主机旁边方便触及的地方。高压引线不能过长，一般不大于7m。为了减小测试过程中的干扰，加压引线和接地线的包络面应尽量小。

接线完成并确认无误后，启动阻尼振荡波局部放电测控主机和测试软件，将电缆参数及中间接头参数准确输入系统。

（2）局部放电校准。采用标准脉冲校准器进行局部放电校准测量。如图7-11所示，将局部放电校准仪连线的接线端分别夹在被测电缆的线芯和屏蔽上。

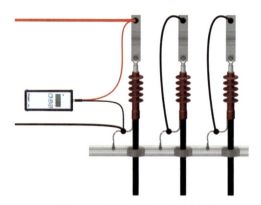

图 7-11　局部放电校准示意图

局部放电校准仪的输出频率设定为100Hz，从20pC ～20nC进行逐档校准。根据所用OWTS测试软件，在测试界面完成校准确认。图7-12展示了上海慧东OWTS和德国SebaKMTOWTS的局部放电校准界面。判断正确的校准波形需要满足以下3个要素：

1）原始脉冲和反射波形正确，为极性向上的单个脉冲。

2）校准脉冲和背景干扰的信噪比明显。

3）半波速在85m/μs左右。

校准完毕后，应注意在高压测试开始时将校准器拆除。

（3）电缆局部放电测试。振荡波局部放电测试的主要步骤包括以下5步：

1）启动高压单元电源。

2）选择被测电缆相位、界面显示模式、量程及加压模式。

3）输入测试电压，逐级加压并保存有效的测试数据。

4）对被测电缆和高压单元放电并换相测试。

5）三相测试结束，关闭高压单元，将被测电缆接地。

测试过程中应注意以下6个方面：

1）0kV电压等级下测量环境噪声。

2）分别在$0.3U_0$、$0.5U_0$、$0.7U_0$、$0.9U_0$、$1.0U_0$、$1.1U_0$、$1.3U_0$、$1.5U_0$、$1.7U_0$、$2U_0$（仅新投运电缆）电压等级下测量局部放电，或是参照相关标准执行。

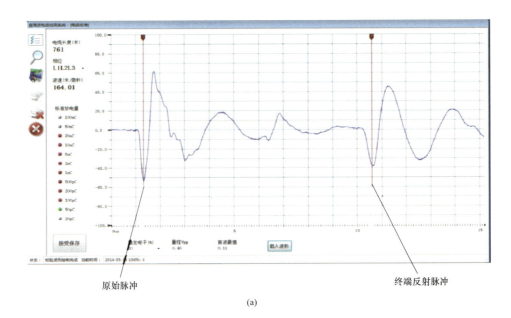

(a)

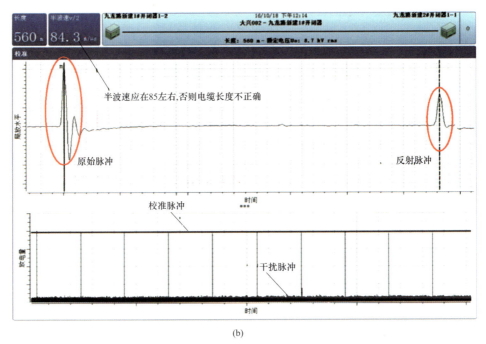

(b)

图 7-12　上海慧东 OWTS 和德国 SebaKMTOWTS 的局部放电校准界面
（a）上海慧东 OWTS 的局部放电校准界面；（b）德国 SebaKMTOWTS 的局部放电校准界面

3）电缆缺陷点局部放电随着测试电压的升高而变大，每次测试选择相应的量程。

4）尽量减小环境噪声干扰，如有施工需要应暂停。

5）尽量减小来自地线的干扰如电晕等。

6）为排除高压测试电缆与被测电缆之间的连接接触不良而造成的人为干扰，高压电缆与被测电缆的连接需要严密接触且完整。

5.试验结束

振荡波局部放电试验后应对被测电缆再次进行绝缘电阻测量。进行试验拆线时应首先关闭试验电源并断开电源线，将被测电缆与高压单元充分放电后方可拆除高压测试引线，最后拆除控制线、接地线及放电棒，清理工作现场。

6.危险点分析及预防控制措施

同第五章中表5-3内容。

第三节　数据分析与判断

一、数据分析

试验数据分析应当综合考虑电缆的基本属性如电缆参数、投运年限等，其他譬如试验数据的最小校准值、测试背景、局部放电情况等也需统筹考虑。确定局部放电波形有以下3项主要原则。

（1）相似性：需要看波形前后细节处。

（2）衰减性：峰值降低，带宽变大。

（3）关注终端和中间接头，选择分析有集中局部放电点的数据。

根据所用OWTS测试软件，确认局部放电脉冲波形及其定位，如图7-13所示。目前，大部分OWTS均可实现波形数据的自动分析，直接给出局部放电的位置及放电量。

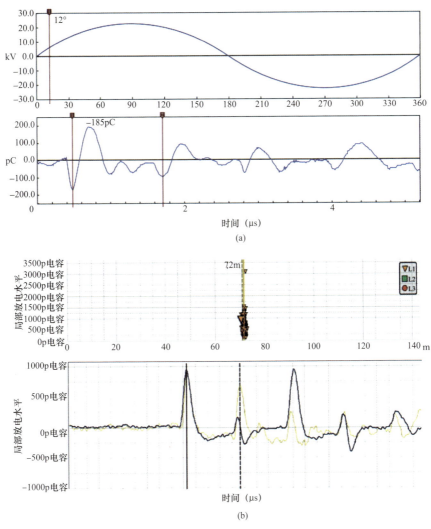

图 7-13　局部放电脉冲波形及定位
（a）上海慧东 OWTS 界面；（b）德国 SebaKMTOWTS 界面

二、评价判据

配电电缆振荡波局部放电检测结果的评价依据主要参考 DL/T 1576—2016 《6kV～35kV 电缆振荡波局部放电测试方法》和 Q/GDW 11838—2018《配电电缆线路试验规程》。

（1）DL/T 1576—2016 给出了交联聚乙烯绝缘电缆振荡波局部放电检测要求：

1）新投运及投运 1 年以内的电缆线路：最高试验电压 $2U_0$，接头局部放电超过 300pC、本体超过 100pC 应及时进行更换；终端超过 3000pC 时，应进行更换。

2）已投运 1 年以上的电缆线路：最高试验电压 $1.7U_0$，接头局部放电超过 500pC、本体超过 100pC 应及时进行更换；终端超过 5000pC 时，应及时进行更换。对于存在局部放电的电缆线路，根据电缆不同部件及水平，建议参考表 7-1 中的判据开展电缆维护工作。

表 7-1 　　　　　DL/T 1576—2016 规定的典型 XLPE 电缆参考临界局部放电量

电缆及其附件类型	投运年限	参考临界值（pC）
电缆本体	—	100
电缆接头	1 年以内	300
	1 年以上	500
电缆终端	1 年以内	3000
	1 年以上	5000

（2）Q/GDW 11838—2018 在行业标准的基础上，根据多个网省公司开展大量配电电缆振荡波局部放电试验后总结的经验，对试验要求及判据进行了优化细化。首次将局部放电检测纳入诊断性试验，并规定标准发布之后新建线路投运 5 年内应结合停电检修计划开展；已投运的线路，应结合电缆线路重要程度、负荷情况及保供电要求合理开展诊断试验。按照试验类型，标准中给出了交联聚乙烯绝缘电缆振荡波局部放电检测要求。对于交接试验中的局部放电检测，振荡波试验电压应满足以下要求：

1）波形连续 8 个周期内的电压峰值衰减不应大于 50%。

2）频率应介于 20～500Hz。

3）波形为连续两个半波峰值呈指数规律衰减的近似正弦波。

4）在整个试验过程中，试验电压的测量值应保持在规定电压值的 ±3% 以内。检测结果应满足表7-2的规定。

表 7-2　　　　　Q/GDW 11838—2018 规定的交接试验中局部放电检测要求

最高试验电压		最高试验电压激励次数	试验要求	
全新电缆	非全新电缆		新投运电缆部分	非新投运电缆部分
$2.0U_0$	$1.7U_0$	不低于 5 次	起始局部放电电压不低于$1.2U_0$；本体局部放电检出值不大于100pC；接头局部放电检出值不大于200pC；终端局部放电检出值不大于200pC	本体局部放电检出值不大于100pC；接头局部放电检出值不大于300pC；终端局部放电检出值不大于3000pC

诊断性试验中采用振荡波电压进行局部放电检测试验的要求如表7-3所示。

表 7-3　　　　　Q/GDW 11838—2018 规定的诊断性试验局部放电检测要求

电压要求	评价对象	投运年限	检出局部放电量	评价结论
振荡波局部放电检测最高试验电压 $1.7U_0$	电缆本体	—	无可检出局部放电	正常
			小于 100pC	关注
			大于等于 100pC	异常
	电缆接头	5 年及以内	无可检出局部放电	正常
			小于 300pC	关注
			大于等于 300pC	异常
		5 年以上	无可检出局部放电	正常
			小于 500pC	关注
			大于等于 500pC	异常
	电缆终端	5 年及以内	无可检出局部放电	正常
			小于 3000pC	关注
			大于等于 3000pC	异常
		5 年以上	无可检出局部放电	正常
			小于 5000pC	关注
			大于等于 5000pC	异常

（3）保供电等特殊条件下的评价依据。当对电缆网供电可靠性有更高要求时，可根据实际电网情况，适当提高评价标准，采取差异化的状态评价依据。表7-4给出了2016年某地重要会议保供电期间采取的配电电缆振荡波局部放电评价依据，供读者参考。

表7-4　　　　　　　保供电期间采取的配电电缆振荡波局部放电评价依据

电缆及其附件类型	放电参考值	投运年限	评价状态	运维建议
电缆本体	100pC 以上	—	超标	更换线路
电缆接头	300pC 以上	1 年以内	超标	更换接头
	500pC 以上	1～5 年	超标	更换接头
	200pC 以上	5 年以上	超标	更换接头
	有明显可检出放电，尚不满足超标判据	1～5 年	异常	结合电缆线路运行环境，有条件可更换接头
		1 年以下或 5 年以上		建议更换接头
	未检出明显高于背景噪声的疑似放电信号	—	正常	无
电缆终端	终端放电量大于 3000pC	1 年以内	超标	修复或更换终端
	终端放电量大于 5000pC	1～5 年	超标	更换终端
	终端放电量大于 3000pC	5～10 年	超标	更换终端
	终端放电量大于 2000pC	10 年以上	超标	更换终端
	（1）终端放电量大于 100pC；（2）尚不满足超标判据	2～5 年	异常	修复终端或开展带电检测
		5～10 年		结合线路运行环境，有条件可修复或更换
		2 年以下或 10 年以上		建议修复或更换终端
	终端放电量小于 1000pC	—	正常	修复终端或开展带电检测
	未检出明显高于背景噪声的疑似放电信号	—	正常	无

（4）通过对现有大量的10kV交联电缆振荡波局部放电试验数据进行统计分析，在新敷设电缆的附件制作质量缺陷方面，总结了一些引起电缆局部放电的典型缺陷与放电特征的对应关系，可作为现场试验的参考经验。

1）绝缘中或绝缘层与半导电层界面处的气隙缺陷，包括绝缘层的刀痕、磨损或裂缝，在$2U_0$以下放电量通常小于100pC。

2）电缆与接头连接处的空腔缺陷，存在3个阶段：①早期，放电量和重复率都比较小；②中期，放电量和重复率都增加；③末期，即最终失效前，放电量减小，放电重复率增加。

3）高阻的绝缘屏蔽或中性线破损缺陷，通常放电量在几百到几千皮库，但很少导致电缆击穿。

第四节　案例

案例1　10kV电缆中间接头进水缺陷

【电缆型号】YJV22—8.7/10—3×300

【线路长度】1359m

【终端类型】测试端（T型终端）、对端（冷缩户内终端）

【敷设方式】管沟

【投运年限】2年

【检测及诊断过程】

对该10kV电缆线路开展阻尼振荡波局部放电检测试验，分别对A、B、C三相进行逐级升压，进行离线振荡波电压下的局部放电检测。其中B相检出疑似局部放电信号，其检测典型数据谱图如图7-14所示。

试验过程中，B相在$1.1U_0$下开始检测到疑似局部放电信号，即起始放电电压为13.5kV（峰值），放电幅值最大为716pC，在$1.7U_0$下放电量达到最大，

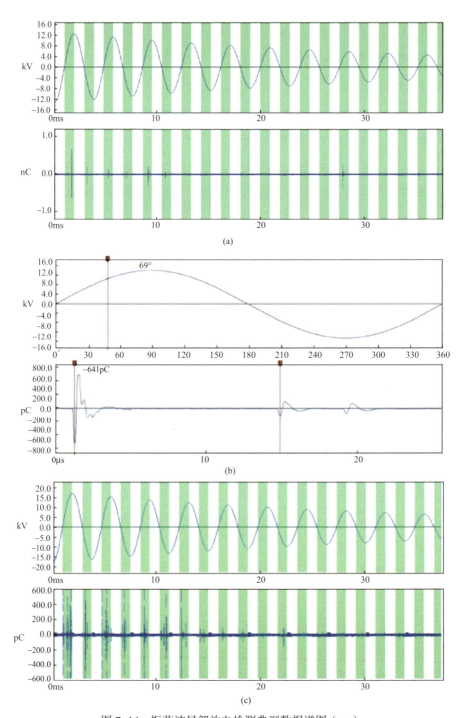

图 7-14 振荡波局部放电检测典型数据谱图（一）
（a）1.1U_0 下 B 相放电谱图；（b）1.1 U_0 下 B 相放电相位及定位谱图；（c）1.5 U_0 下 B 相放电谱图；

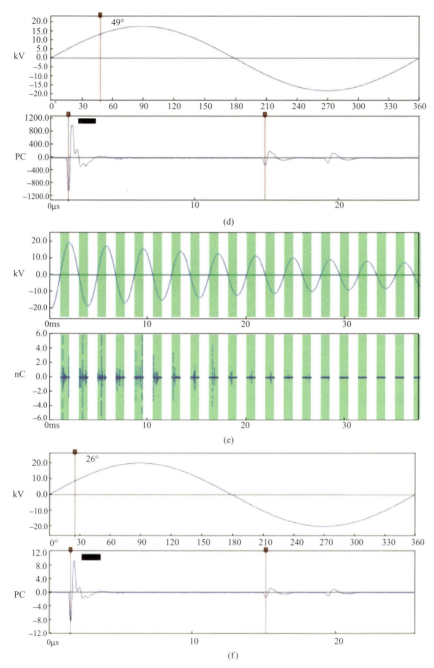

图 7-14　振荡波局部放电检测典型数据谱图（二）

（d）1.5 U_0 下 B 相放电相位及定位谱图；（e）1.7 U_0 下 B 相放电谱图；

（f）1.7 U_0 下 B 相放电相位及定位谱图

放电幅值最大为12075pC，定位于距离测试端381m中间接头处。B相局部放电源定位图如图7-15所示。

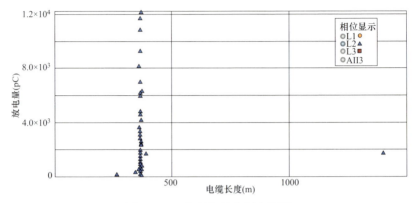

图7-15　B相局部放电源定位图

对放电谱图进行分析发现：放电主要集中在0°～90°、180°～270°，其中在30°～40°、220°～230°放电量最大，正负半周放电密度明显不对称，正半周放电幅值大于负半周，最大放电量也大于负半周。B相放电量—相位谱图，即$Q-\psi$谱图如图7-16所示。

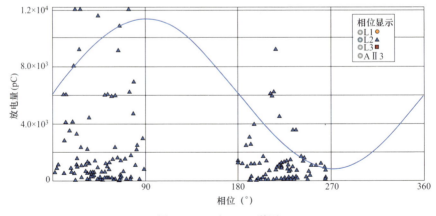

图7-16　B相$Q-\varphi$谱图

经解剖距离测试端381m的中间接头发现，绕包阻水铠装带内有严重进水，接头冷缩应力件内有轻微进水后放电痕迹（见图7-17）。

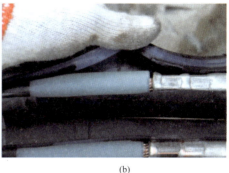

(a)　　　　　　　　　　　　　　　　　　(b)

图 7-17　电缆中间接头进水缺陷解剖图
（a）绕包阻水铠装带内进水；（b）放电痕迹

案例2　10kV电缆冷缩式终端应力管握紧力不足缺陷

【线路型号】YJV22—8.7/10—3×300

【线路长度】485m

【终端类型】测试端（冷缩户内终端）、对端（T型终端）

【敷设方式】管沟

【投运年限】1年

【检测及诊断过程】

对该10kV电缆线路开展阻尼振荡波局部放电检测试验，分别对A、B、C三相进行逐级升压，进行离线振荡波电压下的局部放电检测。A、C相检出疑似局部放电信号，其检测典型数据谱图如图7-18所示。

试验过程中，A、C两相均在$1.5U_0$下开始检测到局部放电信号，即起始放电电压为18.5kV（峰值），A、C两相放电幅值最大分别为562pC、1587pC，均在$1.7U_0$下放电量达到最大，放电幅值最大分别为827pC、1600pC；A、C两相放电源均定位于测试端终端处（见图7-19）。B相未检测到局部放电信号。

对放电谱图进行分析发现：A相放电主要集中在0°～90°、180°～270°，其中在30°～80°、220°～230°放电量最大，正负半周放电密度明显不对称，

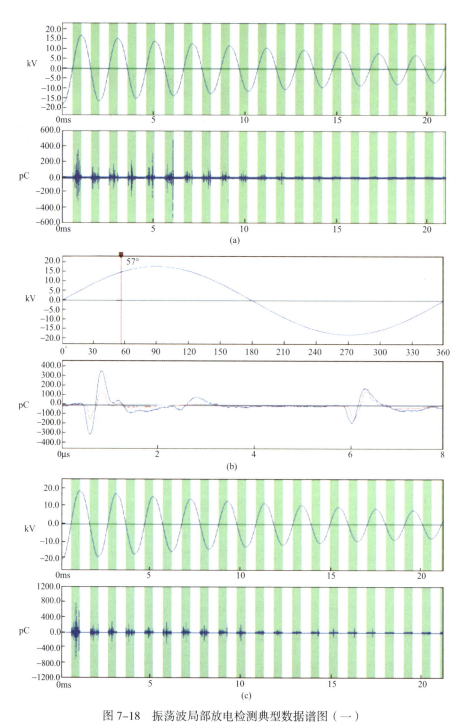

图 7-18 振荡波局部放电检测典型数据谱图（一）

（a）1.5U_0 下 A 相放电谱图；（b）1.5 U_0 下 A 相放电相位及定位谱图；（c）1.7 U_0 下 A 相放电谱图；

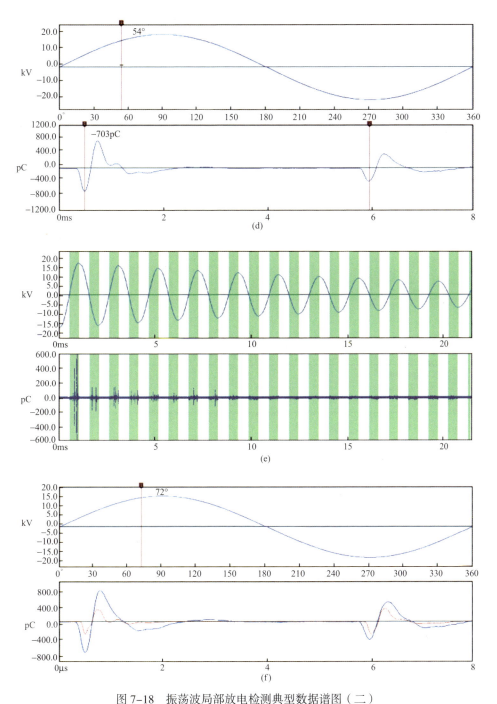

图 7-18　振荡波局部放电检测典型数据谱图（二）

（d）1.7 U_0 下 A 相放电相位及定位谱图；（e）1.5 U_0 下 C 相放电谱图；

（f）1.5 U_0 下 C 相放电相位及定位谱图；

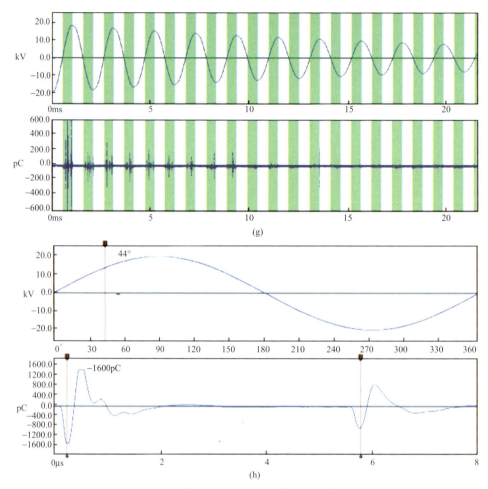

图 7-18　振荡波局部放电检测典型数据谱图（三）

（g）1.7 U_0 下 C 相放电谱图；（h）1.7 U_0 下 C 相放电相位及定位谱图

正半周放电密度、幅值都大于负半周，最大放电量也大于负半周；C 相放电主要集中在 10°～90°、200°～270°，其中在 40°～60°、80°～90° 放电量最大，正负半周放电密度明显不对称，正半周放电密度、幅值都远大于负半周，最大放电量也远大于负半周。$Q-\varphi$ 谱图如图 7-20 所示。

经分析发现：测试端终端为冷缩式终端，冷缩式应力管握紧力不足，均匀电场作用不佳，采用23号绝缘带绕包缠绕增加握紧力后重新开展振荡波试验，未检测到异常放电信号。测试端终端握紧力情况如图 7-21 所示。

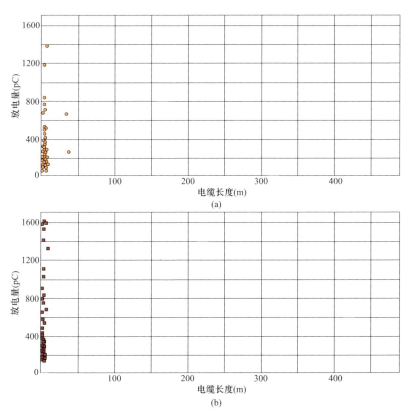

图 7-19　局部放电源定位图

（a）A 相；（b）C 相

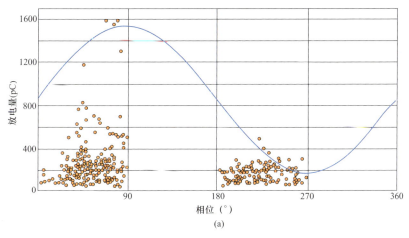

图 7-20　$Q-\varphi$ 谱图（一）

（a）A 相

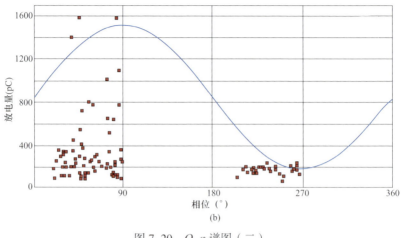

图 7-20　Q-φ 谱图（二）

（b）C 相

图 7-21　应力管绕包修复强化握紧力前后比对

【思考与练习】

1.配电电缆振荡波局部放电检测对试验电源有哪些要求？

2.配电电缆振荡波局部放电检测试验的操作步骤有哪些？

【知识延伸】

在电缆系统中，电缆接头是最薄弱的环节，是绝缘故障频繁发生的位置。局部放电既是引发绝缘劣化的主要因素，又是绝缘缺陷的重要表征，是电缆绝缘状态评估的重要指标。开展电缆局部放电带电检测已经逐渐成为一种趋势。目前主流的带电检测方案有以下3种。

1.高频局部放电检测技术

电缆或附件中存在缺陷时，如果该点的局部场强超过绝缘介质的耐受强度，将会产生局部放电，并产生频率在500kHz ～30MHz的高频脉冲信号，沿电缆向两端传播。通过在电缆上安装高频电流互感器（HFCT）可以采集到这类高频电流信号。

2.地电波检测技术

该技术在开关柜局部放电检测方面使用较多。当开关柜局部放电的时候，会聚集在接地点附近金属位置中，这给设备表面的电流传播提供了相应的条件。而放电聚集在接地屏蔽内表面的时候，会产生防护膜，发挥了屏蔽的功能，不能在设备外部检测到内部的信号。由于防护膜在绝缘位置及电缆绝缘终端等位置会出现断续的屏蔽作用，因此设备内部放电信号可在该过程中传导到外部。使用地电波技术进行检测参考了麦克斯韦电磁理论，根据电磁场的规律来看，当局部放电情况产生时，电流及信号的传播会使电场产生变化，进而出现磁场及电场之间的相互感应，出现对外传播的电磁波。当开关柜局部放电的时候，一部分电能量会转化成电磁波，之后传播到设备外表面上，但是由于开关柜与地面相连接，这使表面感应出高频电流，借助电容耦合能够测出脉冲信号。

3.超声波局部放电检测

当有局部放电发生时，会产生声信号。通过专用的声发射传感器收集这些声音信号，并且根据实际应用经验加以分析，可以对SF_6绝缘电气设备的运行状况做出很大程度的安全评估。该仪器可以检测声信号的幅度、相位、频率成分、原始信号特征，以及与工频频率的相关特性分析。

第八章

电缆线路故障测寻

本章介绍电缆线路电缆故障测寻内容和要求，以及电缆线路故障分类及故障诊断方法。通过概念解释和要点介绍，掌握电缆线路运行中发生故障的诊断方法和步骤。

第一节　电缆故障产生的机理和原因

一、击穿机理

电缆故障点击穿基本可分为电击穿和热击穿两种形式。

1.电击穿

电击穿是当电压很高，电场强度足够大时，介质中存在少量的自由电子将在电场作用下产生碰撞游离，自由电子碰撞中性分子，使其激励游离而产生新的电子和正离子，这些电子和正离子获得电场能量后又和别的中性分子相互碰撞，这个过程不断发展下去，使介质中电子流"雪崩"加剧，造成绝缘介质击穿，形成导电通道，故障点被强大的电子流瞬间短路。在电缆故障测试中，使用直流高电压或冲击高电压使电缆故障点击穿，其作用时间很短，这种方法的原理就是电击穿。

2.热击穿

热击穿是电缆绝缘介质在电场的作用下，由于介质损耗所产生的热量使绝缘介质温度升高，若发热量大于向周围媒质散发出的热量，则温度持续上升，随着温度不断升高，使绝缘介质发生烧焦、开裂或局部熔断，最后导致击穿。热击穿电压作用时间长，一般发生在电缆运行过程中。

二、产生故障的基本原因

故障产生的原因和故障的表现形式是多种多样的，有逐渐形成的也有突然发生的，有单一型的故障，也有复合型的故障。总之，发生故障后，如果能及时找出故障点并进行修复，可有效防止事故的进一步扩大。

国内电缆故障的产生原因主要有以下4种。

1.外力破坏

电缆受外力破坏产生故障近年来呈上升趋势，其中主要因素有：

（1）由于市政建设工程频繁作业，不明地下管线情况，造成电力电缆受外力损伤的事故。

（2）电缆敷设到地下后，长期受到车辆、重物等压力和冲击力作用，造成管道下沉错位造成电缆受损、中间接头拉断、拉裂等事故的发生。

2.附件制造质量不合格

此种故障占全部故障的80％以上。附件质量主要指接头的制作质量，其中主要因素有：

（1）接头制作未按技术标准操作，制作工艺不良，密封性能差。

（2）制作接头时，周围环境湿度过大，使潮气侵入。

（3）接头材料使用不当，电缆附件不符合国家颁布的现行技术标准。

（4）塑料电缆由于密封不良，热缩管厚薄不均匀，热缩后反复弯曲引起气隙，造成闪络放电。

3.敷设施工工艺不符合要求

此种故障占全部故障的10％，其中主要因素有：

（1）电力电缆的敷设施工未按要求和规程进行。

（2）敷设过程中，用力不当，牵引力过大，使用的工具、器械不对，造成电缆机械损伤，日久产生故障。

4.电缆本体质量不合格

此种故障占全部故障的3％，主要由电缆的制造工艺和电缆绝缘老化两种原因引起。

（1）电力电缆制造工艺故障。由于电缆线芯同塑料电缆中的绝缘物等物质各自的膨胀系数不同，在制造过程中不可避免地会产生气隙，导致绝缘性能降低。

同时，如果电缆在制造过程中绝缘层内混入了杂质，或半导体层有缺陷（同绝缘剥离），或线芯绞合不紧等，都将会使电场集中而引起游离老化。

交联聚乙烯电缆中由杂质和气隙引起的一些故障点击穿现象一般在电缆绝缘中呈"电树枝"现象。

（2）因电缆老化而引起电缆故障。其主要因素有以下几种：

1）有机绝缘的电力电缆长期在高电压或高温情况运行时，容易产生局部放电，从而引起绝缘老化。

2）电缆内部绝缘介质中的气泡在电场作用下产生游离，使绝缘性能下降。

3）塑料类绝缘的电缆中有水分侵入，使绝缘纤维产生水解，在电场集中处形成"水树枝"现象，使绝缘性能逐渐降低。

4）若电缆敷设后，长期浸泡在水中，经过含有酸碱及其他化学物质的地段，致使电缆铠装腐蚀、开裂、穿孔、塑料电缆护层硫化等，这时一般会出现"电化树枝"现象。

只有充分了解和详细分析这些故障产生的前因后果及电缆路径上的外界环境，才能"对症下药"，采取必要措施，防止情况进一步恶化，并尽快找到故障点。

第二节　故障测试的基本步骤

一旦电缆绝缘被破坏产生故障造成供电中断后，测试人员一般需要选择合适的测试方法和合适的测试仪器，按照一定测试步骤，来寻找故障点。

电力电缆故障查找一般按故障测距、故障定点、开挖验证三个步骤进行。

故障性质诊断过程，就是对电缆的故障情况做初步了解和分析的过程。然后根据故障绝缘电阻的大小对故障性质进行分类。再根据不同的故障性质选用不同的测距方法粗测故障距离，然后再依据粗测所得的故障距离进行精确故障定点。在精确定点时，也需根据故障类型的不同选用合适的定点方法。

第三节　电缆故障性质诊断

在查找电缆故障点时，首先要进行电缆故障性质的诊断，即确定故障的类型及故障电阻阻值，以便于测试人员选择适当的故障测距与定点方法。

一、电缆故障性质的分类

电缆故障种类很多，为便于电缆的故障测寻，大致分为以下5种类型。

1.接地故障

电缆一芯主绝缘对地击穿故障。

2.短路故障

电缆两芯或三芯短路。

3.断线故障

电缆一芯或数芯被故障电流烧断或受机械外力拉断，造成导体完全断开。

4.闪络性故障

这类故障一般发生于电缆耐压试验中，并多出现在电缆中间接头或终端内。试验时绝缘被击穿，形成间隙性放电通道。当试验电压达到某一定值时，发生击穿放电。而当击穿后放电电压降至某一值时，绝缘又恢复而不发生击穿，这种故障称为开放性闪络故障。有时在特殊条件下，绝缘击穿后又恢复正常，即使提高试验电压，也不再击穿，这种故障称为封闭性闪络故障。以上两种现象均属于闪络性故障。

5.混合性故障

同时具有上述接地、短路、断线中两种以上性质的故障称为混合性故障。

二、电缆故障诊断方法

电缆发生故障后，除特殊情况（如电缆终端的爆炸故障，当时发生的外力破坏故障）可直接观察到故障点外，一般均无法通过巡视发现，必须使用电缆故障测试设备进行测量，从而确定电缆故障点的位置。由于电缆故障类型很多，测寻方法也随故障性质的不同而异。因此在故障测寻工作开始之前，须准确地确定电缆故障的性质。

若按故障发生的直接原因，电缆故障可以分为两大类，一类为试验击穿故障，另一类为在运行中发生的故障。若按故障性质来分，又可分为接地故障、短路故障、断线故障、闪络故障及混合性故障。现将电缆故障性质确定的方法和分类分述如下。

1.试验击穿故障性质的确定

在试验过程中发生击穿的故障，其性质比较简单，一般为一相接地或两相短路，很少有三相同时在试验中接地或短路的情况，更不可能发生断线故障。其另一个特点是故障电阻均比较高，一般不能直接用绝缘电阻表测出，而需要借助耐压试验设备进行测试，其方法如下：

（1）在试验中发生击穿时，对于分相屏蔽型电缆均为一相接地。对于统包型电缆，则应将未试相接地线和金属屏蔽层接地线拆除，再进行加压。如仍发生击穿，则为一相接地故障；如果将未试相接地线和金属屏蔽层接地线拆除后不再发生击穿，则说明是相间故障，此时应将未试相和金属屏蔽层分别接地后再分别加压，以查验是哪两相之间发生短路故障。

（2）在试验中，当电压升至某一定值时，电缆绝缘水平下降，发生击穿放电现象；当电压降低后，电缆绝缘恢复，击穿放电终止，这种故障即为闪络性故障。

2.运行故障性质的确定

和试验击穿故障的性质相比，运行电缆故障的性质比较复杂，除发生接地或短路故障外，还可能发生断线故障。因此，在测寻前，还应做电缆导体连续性的检查，以确定是否为断线故障。

确定电缆故障的性质，一般应用绝缘电阻表和万用表进行测量并做好记录。

（1）首先在任意一端用绝缘电阻表测量A—地、B—地及C—地的绝缘电阻值，测量时另外两相不接地，以判断是否为接地故障。

（2）测量各相间A—B、B—C及C—A的绝缘电阻，以判断有无相间短路故障。

（3）分相屏蔽型电缆，均为单相接地故障，应分别测量每相对地的绝缘电阻；当发现两相短路时，可按照两个接地故障考虑。在小电流接地系统中，常发生不同两点同时发生接地的"相间"短路故障。

（4）如用绝缘电阻表测得电阻为零时，则应用万用表测出各相对地的绝缘电阻和各相间的绝缘电阻值。

（5）如用绝缘电阻表测得电阻很高，无法确定故障相时，应对电缆进行直流电压试验，判断电缆是否存在故障。

（6）因为运行电缆故障有发生断线的可能，所以还应做电缆导体连续性是否完好的检查。其方法是在一端将A、B、C三相短接（不接地），到另一端用万能表的低阻档测量各相间电阻值是否为零，检查是否完全通路。

3. 电缆低阻、高阻故障的确定

所谓的电缆低阻、高阻故障的区分，不能简单用某个具体的电阻数值来界定，而是由所使用的电缆故障查找设备的灵敏度确定的。例如，低压脉冲设备理论上只能查找100Ω以下的电缆短路或接地故障，而电缆故障探伤仪理论上可查找10kΩ以下的一相接地或两相短路故障。

第四节　电缆故障测距

电缆线路的故障测寻一般包括粗测和精确定点两部分，粗测是指故障点的测距，而精确定点是指确定故障点的准确位置。

一、电缆故障初测

根据仪器和设备的测试原理，电缆故障粗测可分为脉冲法和电桥法两大类。

脉冲也称行波，就是以一定速度在线路中传播的电压、电流波，又分为稳态脉冲和暂态脉冲。其中，低压脉冲法与二次脉冲法测量的是测距设备向线路中输入暂态的电压脉冲，而闪测法测量的则是故障点放电产生的电流脉冲或电压脉冲。

脉冲法测距的理论基础是把电缆当作"均匀长线"，来讨论电波在电缆中传播的微观过程。在脉冲测距中，电缆是由沿电缆长度分布的许许多多电阻、电导、电容和电感元件（等效元件）组成，这些元件的参数称为电缆传输线路的分布参数。沿电缆分布的电阻、电感、电容和电导，在任一点都相等，每一段电缆传输线路（等效长线）的等效电路，即均匀传输线电路模型如图8-1所示。

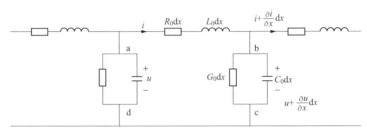

图 8-1　均匀传输线电路模型

1.低压脉冲法

故障测试过程中，将低压脉冲信号由测试端输入电缆内，该信号将以电缆绝缘为介质进行传播，当电缆存在波阻抗不一致的情况时，脉冲信号出现反射现象并被测试端接收，根据反射脉冲的具体情况可计算确定故障点（即阻抗不一致点）与测试端之间的距离。低压脉冲法原理波形（以输入的脉冲信号为正波形为例）如图8-2所示。

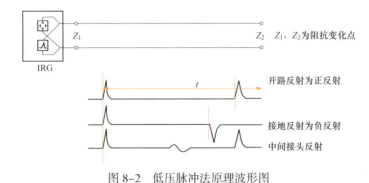

图 8-2　低压脉冲法原理波形图

若脉冲信号发射与反射接收的时差用 t_x 表示，用 v_g 表示脉冲信号在电缆内的传播速度，则可通过式（8-1）计算确定发射点与故障点之间的距离为

$$L = \frac{1}{2} v_g t_x \qquad (8-1)$$

电缆故障的性质可根据反射脉冲所表现出来的极性特征进行判断，反射脉冲极性和电压反射系数 P_u 相关，故障点阻抗等效电路如图8-3所示。

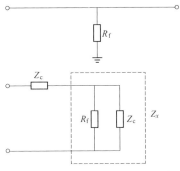

图 8-3　电缆故障点阻抗等效电路图

对于断线故障而言，断线故障 Z_x 为无穷大，反射系数 $P_u > 0$，发射脉冲与反射脉冲极性相同。低阻接地故障 $Z_x < Z_c$，反射系数 $P_u < 0$，发射脉冲与反射脉冲极性相反。

当电缆近距离断线故障点或仪器选择的测量范围为几倍的断线故障距离时，仪器就会显示多次反射波形，每个反射脉冲波形的极性都和发射脉冲相同。断线脉冲波形的多次反射如图8-4所示。

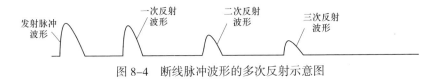

图 8-4　断线脉冲波形的多次反射示意图

当电缆发生近距离低阻故障时，或者仪器选择的测量范围为几倍低阻故障距离时，仪器就会显示多次反射脉冲波形。其中第一、三等奇数次反射脉冲在极性方面表现出同发射脉冲相反的特点，偶数次则极性保持一致。低阻脉冲波形的多次反射如图8-5所示。

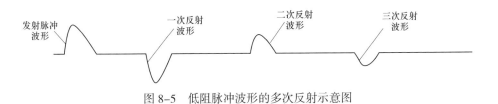

图 8-5　低阻脉冲波形的多次反射示意图

对于低压脉冲法而言，在具体应用过程中故障点电阻会显著影响反射脉冲的幅值。若故障点的实际电阻超过了电缆特性阻抗值的10倍且反射系数幅值未达到5%，那么就会导致反射脉冲在识别方面存在较大困难，影响低压脉冲法的实践效果。

故障点与测量端之间的距离、阻值、接头情况等都是脉冲波形的显著影响因素，在复杂的环境下会使得波形结构相对复杂，从而影响测定结果的准确性与可靠性。在实际测量中，经常使用低压脉冲比较法来寻找故障点，实测波形如图8-6所示。当以低压脉冲比较法对故障点进行测定时，可通过对比分析故障相、正常相的脉冲波形差异来确定故障点位置，可以克服接头等因素的干扰，从而提高测定结果的准确性。对于高阻或闪络性故障，通常可用低压脉冲法先校验电缆的全长，之后再用其他方法进行初测。

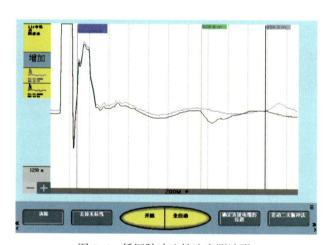

图 8-6　低压脉冲比较法实测波形

2.二次脉冲法

二次脉冲法的测试原理如图8-7所示，通过高压发生器给存在高阻或闪络性故障的电缆施加高压脉冲，使故障点出现弧光放电。弧光放电期间故障点电阻表现降低，因此会在放电时出现高阻、闪络性故障电缆的阻值瞬时下降。此时输入低压脉冲信号并接收和确定其反射波形，当电弧熄灭时再输入一个低压脉冲信号，此时就可通过对比分析上述波形在故障点的差异来确定故障点的具体位置，从而明确故障点距测试点之间的距离。二次脉冲法实测波形图如图8-8所示。

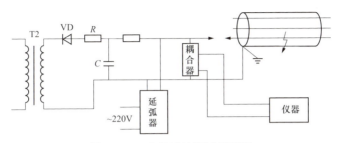

图 8-7　二次脉冲法测试原理图

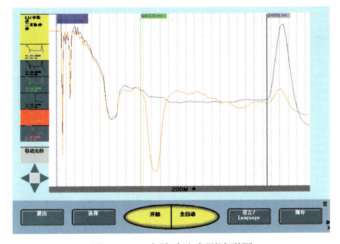

图 8-8　二次脉冲法实测波形图

二次脉冲法适用于高阻故障的测距（1kΩ 及以上）。二次脉冲法燃弧时间短、燃弧不易稳定，因此在实际工作中往往需要反复、多次测定结果并进行比对和优化，从而确定最佳波形结果作为计算分析的基础。若故障点与电缆起始点之间的距离相对较短（近端故障），则会导致结果的波形太乱，无法准确判断波形，表现出更加显著的误差问题。

3.脉冲电流法

脉冲电流法通过高压击穿的方式对故障点放电形成的电流行波信号进行采集和记录，在此基础上分析和判断电流行波信号在测试点与击穿点（故障点）之间往返运动所需时间，进而计算确定相应距离。该方法借助互感器实现了脉冲电流的耦合处理，因此能够在相对安全的环境下方便简单地获得波形结果，从而对故障点进行定位。该方法的代表性方法有直闪法和冲闪法。

（1）直闪法（直流高压闪络法）：一般用于测量闪络性故障。脉冲电流法测量（直闪法）接线如图8-9所示，其中，AV与T分别为调压器与高压试验变压器，其容量约为0.5~1.0kVA，输出电压为30~60kV；C代表储能电容器。当输入电压增加至一定水平时，电缆故障点将出现闪络性放电现象，放电形成的电流将以电流脉冲的形式在电缆中传播并被故障点进行反射后由仪器进行采集接收，直至放电结束。直闪法波形简单，但某些闪络性故障会于若干次放电动作后出现故障电阻下降的问题，从而影响后续放电波形的稳定性，导致直闪法失效。若电阻下降变为高阻故障，则一般采用冲闪法进行测试。

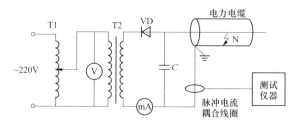

图8-9　脉冲电流法测量（直闪法）接线示意图

（2）冲闪法（冲击高压闪络法）：通过一个球隙（球形放电间隙）将高压加到电缆故障相上。脉冲电流法的测量（冲闪法）接线如图8-10所示，该方法与直闪法基本相同，区别在于F这个特殊球形间隙的存在。该方法能够满足大多数闪络性故障、低阻或高阻故障的测定需求，也是相对常用的一种测定方法。通过

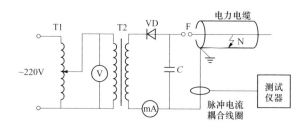

图8-10　脉冲电流法的测量（冲闪法）接线示意图

调节调压升压器对球隙 F 充电，当球隙 F 上电压到达临界击穿电压时，球隙 F 击穿，电容 C 对电缆放电，这一过程相当于把直流电源电压突然加到电缆上去。

当故障点出现放电击穿情况时，故障点直接击穿时实测波形如图 8-11 所示。图 8-11 是脉冲电流法在具体应用中所表现出来的最具代表性的波形特征，对于该波形图而言，脉冲电流在 a、b 两点的传播时间用 $2\tau+t_d$ 表示，而 b、c 两点之间的距离即为故障点与测量点之间的距离，脉冲信号的传播时间为 2τ。前者的计算结果要高于后者，即实测结果与理论结果保持一致。在具体应用中，需要重点关注 d 点所对应的突起现象，导致该现象的原因在于高压设备同导引线之间形成了杂散电感，属于干扰因素，需要进行处理。

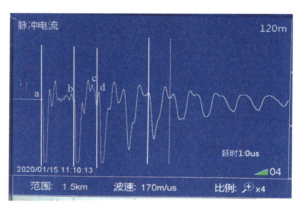

图 8-11　故障点直接击穿时实测波形

在脉冲电流法具体应用的过程中，故障点环境特征、电阻情况、放电特征等都会对其结果产生显著影响。特别是在冲闪的过程中，故障点的电阻可能发生变化，从而导致对应波形的结构相对复杂，在分析和判断方面存在较大困难，在经验不足时难以准确判断具体情况。因此，该方法在实际应用时对操作人员的经验和能力提出了较高要求，使得操作人员的个人主观因素成为测定结果的重要影响因素。此外，复杂的现场环境也会对测定结果产生种种不同程度的干扰，进而影响测定结果的准确性。因此，提升检测设备的抗干扰性能就成为克服以上问题的主要措施。而不同企业的仪器设备也表现出性能差异性，这一问题也应受到充分重视。在具体应用中，通常需要保证故障点良好的击穿放电效果，才能确保测定结果的科学性。

4.电桥法

电桥法的原理接线如图8-12所示。从图中可以分析出，该方法在具体应用时需要将测定设备两桥臂接在故障与完好相，另一端故障与完好相端进行短接处理，然后通过安装在电桥臂上的可调电阻进行调节，实现电桥的平衡状态。

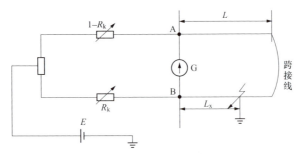

图 8-12 电桥法原理接线示意图

根据同种规格电缆导体的直流电阻与长度成正比可得

$$\frac{1-R_k}{R_k} = \frac{2L-L_x}{L_x} \qquad (8-2)$$

简化后得

$$L_x = R_k \times 2L$$

式中：L_x为测量端至故障点的距离（m）；L为电缆全长（m）；R_k为电桥读数。

通过正接法与反接法得到的测量结果取其均值，作为初测距离的计算基础。

该方法的优势在于相对简单的测量过程和相对良好的测量精度。对于电缆线路的高阻和闪络性故障，则由于电桥电流很小而不易探测。电桥法查找故障的限制条件主要有以下4项：

（1）电缆为低阻接地或两相短路故障。电桥法仅能满足低阻故障位置测定的需求，其电阻通常保持在100kΩ以下的水平，通常不得高于500kΩ。

（2）故障电缆至少要有一相线芯绝缘良好。

（3）电缆不能是断线故障。

（4）电缆要有准确的长度。

二、电缆故障精确定点

电缆故障的精确定点是故障探测的重要环节，目前比较常用的方法是冲击放电声测法（简称声测法）、声磁信号同步接收定点法（简称声磁同步法）、跨步电压法及主要用于低阻故障定点的音频感应法。实际应用中，往往因电缆故障点环境因素复杂，如振动噪声过大、电缆埋设深度过深等，造成定点困难，成为快速找到故障点的主要矛盾。

1.声测法

声测法的原理是利用和高压脉冲法一样的高压设备向电缆输入高压脉冲，使故障点出现击穿放电现象，该击穿放电所产生的机械振动会通过介质向地面传播，此时可通过声电传感器对这一振动信号进行采集，即可定位故障点的具体位置。除接地电阻特别低的接地故障外，该方法通常都能使用。但由于外界环境一般很嘈杂，干扰比较大，有时候很难分辨出真正的故障点放电的声音。不同故障类型声测试验接线如图8-13所示，图中AV为调压器，T为试验变压器，U为硅整流器，F为球隙，C为电容器。

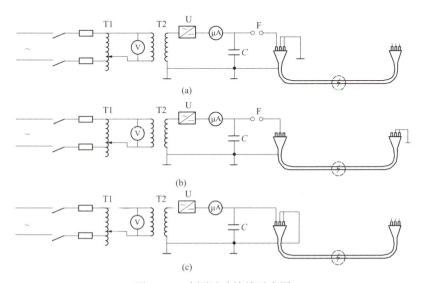

图 8-13　声测试验接线示意图

（a）接地故障；（b）断线不接地故障；（c）闪络故障

2.声磁同步法

复杂的现场环境会产生不同程度的干扰信号，从而影响测定结果的准确性。而单纯依靠声测法或磁测法都无法对放电信号、干扰信号进行准确区分。由于施加高电压脉冲信号使故障点击穿放电，故障点会同时产生声音信号与脉冲磁场信号。磁场信号的传播速度比声音信号快，它们到达地面相同位置所需的时间就不同，故障点上方传播时差最小，这就是声磁同步法的原理。该方法的优势在于能够有效克服环境干扰对定点结果的不利影响，有效保证定点结果的精准水平。声磁同步法接线与声测法相同，其原理及波形如图8-14所示。

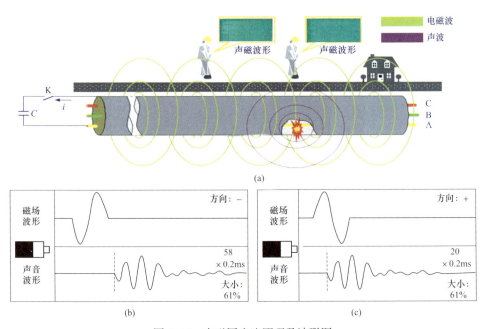

图8-14　声磁同步法原理及波形图
（a）原理图；（b）波形图1（负磁场，离故障点较远）；（c）波形图2（正磁场，离故障点较近）

3.音频感应法

在相对较低的接地电阻条件下，音频感应法能够实现相对准确的故障点测定结果。当电缆故障点接地电阻较小时，尤其是金属性接地，故障点没有放电声音，声测法定点则不适用，此时需要用音频感应法进行特殊测量。音频感应法一般用于探测故障电阻小于 10Ω 的低阻故障，该方法在电缆发生金属性短路的两者之间加入一个音频电流信号，用音频信号接收器接收这个音频电流产生的音频信号磁场信号，并将该信号用声音或波形的方式表现出来，以使人耳朵或眼睛能识别这个信号，而故障点正上方则是信号突然增强的位置，此后信号将逐渐减弱甚至消失，即可确定故障点位置。音频感应法的原理如图8-15所示。

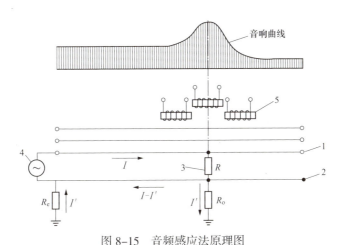

图 8-15　音频感应法原理图

1—电缆线芯；2—护层（铠装）；3—故障点；4—音频信号发生器；5—探头

4.跨步电压法

跨步电压法可用于直埋敷设方式的电缆故障点处护层破损的开放性主绝缘故障与单芯电缆护层故障的精确定点，其工作原理如图8-16所示。

图 8-16　跨步电压法故障定点原理图

在图8-16中，假设该直埋电缆发生开放性接地故障，AB是芯线，A′B′是金属护层，故障点F′处已经对大地裸露。把护层A′和B′两点接地线解开，从A端向电缆线芯和大地之间加入高压脉冲信号，在F′点的大地表面上就会出现喇叭形的电位分布，用高灵敏度的电压表在大地表面测两点间的电压，在故障点附近就会产生电压变化，在插到地表上的探针前后位置不变的情况下，在故障点前后电压表指针的摆动方向是不同的，以此就可以找到故障点的位置。

第五节　测试报告编写

电缆故障测试试验报告编写格式见表8-1。

表8-1　　　　　　　　电缆故障测试试验报告编写格式

线路 编号		起止 位置		
故障 时间	年　　月　　日　　时　　分			
绝缘电 阻测试	A 相： B 相： C 相：	导通试验测试		AB 相间： BC 相间： CA 相间：
故障 性质	接地□　短路□　断线□　闪络型□	故障电阻		（M）Ω
测距 方式	低压脉冲法□　电桥法□	故障波形图编号		
故障测 试端		故障距离	距测试端：　　m	
定点 方法	声测法□　声磁同步法□　音频感应法□	定点距离	距测试端：　　m	
测试人		测试日期	年　月　日　时　分	

第六节　危险点分析及预防控制措施

危险点分析及预防控制措施见表8-2。

表 8-2　　　　　　　　　　危险点分析及预防控制措施

序号	危险点	预防控制措施
1	作业人员进入作业现场不戴安全帽，不穿绝缘鞋，操作人员没有站在绝缘垫上，可能会发生人员伤害事故	进入试验现场，试验人员必须正确佩戴安全帽，穿绝缘鞋，操作人员站在绝缘垫上
2	作业人员进入作业现场可能会发生走错间隔及与带电设备保持距离不够的情况	开始试验前，负责人应对全体试验员详细说明试验中的安全注意事项；确保操作人员及测试仪器与电力设备的中压部分保持足够的安全距离，根据带电设备的电压等级，试验人员应注意保持与带电体的安全距离不小于 GB 26861—2011《电力安全工作规程 高压试验室部分》中规定的距离
3	高压试验区不设安全围栏，会使非试验人员误入试验场地，造成触电	试验区应装设专用遮栏或围栏，应向外悬挂"止步，高压危险！"的标示牌，并有专人监护，严禁非试验人员进入试验场地
4	加压时无人监护，升压过程不呼唱，可能会造成误加压或非试验人员误入试验区，造成人员触电或设备损坏	试验过程应派专人监护，升压时进行呼唱，试验人员在试验过程中注意力应高度集中，防止异常情况的发生。当出现异常情况时，应立即停止试验，查明原因后，方可继续试验
5	登高作业可能会发生高处坠落和设备损坏	工作中如需使用登高工具，应做好防止设备损坏和人员高处摔跌的安全措施
6	试验设备接地不良，可能会造成试验人员受伤或仪器损坏	试验器具的接地端和金属外壳应可靠接地，试验仪器与设备的接线应牢固可靠
7	不断开试验电源，不挂接地线，可能会对试验人员造成伤害	遇异常情况、变更接线或试验结束时，应首先将电压回零，然后断开电源侧隔离开关，并在试品和加压设备的输出端充分放电并接地
8	试验设备和被试设备因不良气象条件和外绝缘脏污引起外绝缘闪络	高压试验应在天气良好的情况下进行，遇雷雨、大风等天气应停止试验，禁止在雨天和湿度大于90%时进行试验，保持设备绝缘清洁
9	电缆上残余电荷造成人员触电	进行试验接线前，以及试验结束后，对被试电缆进行充分放电，加压试验期间，电缆非被试相短路接地
10	试验完成后没有恢复设备原来状态，导致事故发生	试验结束后，恢复被试设备原来状态，检查和清理现场

【思考与练习】

1. 电缆故障分哪五类？

2. 怎样确定电缆运行故障性质？

3. 为什么断线故障用低压脉冲法进行初测最简单？

【知识延伸】

电缆故障查找这项工作，需要有扎实的理论知识作基础，通过长期的查找工作来不断地积累经验。但是为了提高故障查找效率，也需要经常地总结一些小窍门：

（1）对于走向不明的故障电缆，为提高电缆故障点精确定点的效率，可以事先查阅电缆路径走向的竣工资料，或者使用路径仪提前查找电缆走向。首先要查找到电缆的路径，然后沿路径进行故障定点，如果盲目地去定点，偏离了路径是肯定找不到故障点的。

（2）声磁同步定点仪具有在定点的同时同步寻找电缆路径的功能，保证了测试人员不偏离电缆，给快速精确地找到故障点带来了方便。

（3）对于完全开路的故障，可进行两端测试，把测试结果相加后，看是否等于全长，否则就有其他故障点存在的可能。

第九章

配电电缆绝缘电阻测量

绝缘电阻测量是检测电缆绝缘最简单的方法，通过测量可以检查出电缆绝缘受潮老化缺陷，还可判断出电缆在耐压试验时所暴露出的绝缘缺陷。本章从测量目的、测试原理、测量设备构成、测量要求及测量结果的判断依据、操作流程等方面介绍电缆绝缘电阻测量的具体要求。

第一节　概述

一、测量目的

电缆线路敷设完成后，必须检查电缆主体是否良好、敷设过程中是否存在电缆绝缘层被破坏的情况，而测量绝缘电阻是检查电缆线路绝缘状态最简便和最基本的方法。测量电缆线路绝缘电阻一般使用绝缘电阻表，可以检查出电缆主绝缘或外护套是否存在明显缺陷或损伤。另外，电缆线路绝缘电阻测试合格是开展电力电缆交流耐压试验及电缆线路参数测试的一个先决条件。

二、测量原理

绝缘介质在直流电压的作用下产生极化、电导等物理过程。介质的极化和电导过程都要形成电流。

由电子式极化、离子式极化所形成的电流通常叫充电电流（也叫电容电流）。在电缆中，实际上是以电缆导体和外电极（金属护套或屏蔽层）作为一对电极，构成一个电容器，加直流电压后形成的充电电流。由于介质的极化过程极为短暂，因此电容电流在加直流电压后数毫秒内衰减为零，如图9-1（b）中曲线i_1所示。其电流回路在等效电路中用一个电容C_1表示。

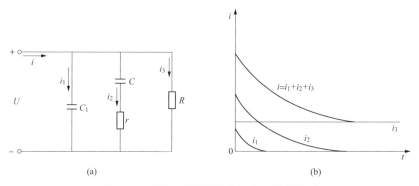

图 9-1　直流电压下绝缘介质中电流的构成
（a）绝缘介质的等效电路；（b）直流电压下通过绝缘介质的电流

绝缘介质中的偶极子在直流电压的作用下发生偶极式极化，形成电流。另外，如果绝缘是由不同材料复合而成，或绝缘材料是不均匀的，那么在不同绝缘材料或不均匀材料的交界面上会产生夹层式极化，形成电流。由偶极式极化和夹层式极化形成的电流叫吸收电流（i_2）。吸收电流随时间的增加而衰减。由于偶极式极化的过程较长，夹层式极化的过程更长，所以吸收电流比电容电流衰减的慢得多，如图9-1（b）中曲线i_2所示。其电流回路在等效电路中用一个电容C和电阻r串联表示。

绝缘介质中还有极少数带电质点（主要是自由离子及混杂的电导杂质），在电场的作用下发生定向移动形成电流，这部分电流叫电导电流（又叫泄漏电流）。它在施加电压以后很快趋于稳定，如图9-1（b）中曲线i_3所示。其电流回路在等效电路中用一个纯电阻R表示。

绝缘介质在直流电压作用下的电流总和如图9-1（b）中曲线i所示，$i= i_1+ i_2+ i_3$。在直流电压作用下流过绝缘介质的总电流随时间变化的曲线称为吸收曲线。从吸收曲线中可以看出，电容电流i_1和吸收电流i_2经过一段时间后趋近于零，因此i趋近于i_3。所谓外施直流电压，通过绝缘的泄漏电流与绝缘电阻的关系符合欧姆定律，即

$$R = \frac{U}{i_3} \tag{9-1}$$

式中：R为试品的绝缘电阻，MΩ；U为加于试品两端的直流电压，V；i_3为对应于电压U流过试品的泄漏电流，μA。

由式（9-1）可知，在一定的直流电压下，流过绝缘的电流与其绝缘电阻成反比。绝缘电阻越大，则流过绝缘的电流越小。良好洁净的绝缘，无论绝缘体内或是表面的离子数都很少，电导电流很小，绝缘电阻值很大。如果绝缘存在贯通的集中性缺陷，如开裂、脏污，特别是受潮以后，绝缘的导电离子数急剧增加，电导电流明显上升，绝缘电阻明显下降。因此，根据绝缘电阻的大小可以了解绝缘的状况，能有效地发现被试品局部或整体受潮和脏污，以及绝缘击穿和严重过热老化等缺陷。

绝缘电阻有体积绝缘电阻和表面绝缘电阻之分，试验中真正关心的是体积绝缘电阻。当绝缘受潮或有其他贯通性缺陷时，体积绝缘电阻降低。因此，体积绝缘电阻的大小标志着绝缘介质内部绝缘的优劣。在现场测量中，当测量得到的试品绝缘电阻低时，应采取屏蔽措施，排除表面绝缘电阻的影响，以便测得真实准确的体积绝缘电阻值。对电缆来说，体积绝缘电阻 R_g 用公式表示为

$$R_g = \rho_v \delta / S \qquad (9-2)$$

式中：δ 为绝缘厚度，m；S 为电极面积，m^2；ρ_v 为绝缘介质电阻率，Ωm。

对大容量的试品（电缆），吸收曲线 i 随时间衰减较慢，其中尤其是吸收电流 i_2 随时间衰减较慢。所以通常要求在加压 1min 后，读取绝缘电阻表指示的值，作为被试品的绝缘电阻值。由于吸收电流的存在，在实际中，有时还要测电缆的吸收比值。

绝缘电阻试验适用于橡塑绝缘电缆，主要包括主绝缘绝缘电阻试验和外护套绝缘电阻试验。所谓电缆主绝缘，是指电缆芯线对外皮或电缆某芯线对其他芯线及外皮间的绝缘。测量主绝缘电阻的目的是检查主绝缘是否老化、受潮，以及判别在耐压试验中暴露出来的绝缘缺陷和绝缘电阻变化情况。所谓外护套绝缘，是测量金属铠装层对地的绝缘电阻，用于判别外护套是否破损或受潮，以及绝缘电阻变化情况。

电缆主绝缘绝缘电阻只能有效检测出整体受潮或贯穿性缺陷，对局部缺陷不敏感。电缆主绝缘绝缘电阻取决于绝缘的尺寸和材料，不同型号的电缆，绝缘材料与结构差异较大；同时受电缆头污秽状况、大气湿度等因素的影响很大。

三、设备构成

目前测量电缆绝缘的仪器设备有手摇式绝缘电阻表和电子式绝缘电阻测试仪两种，如图 9-2 所示。

（1）手摇式绝缘电阻表简称摇表或兆欧表，其电源是通过直流手摇发电机产生。手摇发电机的转动快慢与兆欧表的输出测量高低有关，转动越快，输出电压越高（一般额定转数为 120r/min）。

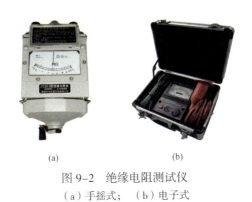

（a） （b）

图 9-2 绝缘电阻测试仪
（a）手摇式； （b）电子式

（2）电子式绝缘电阻测试仪。直流电源由电池通过直流转直流电压变换器产生，其电路通常由电池、高频振荡器、功率放大器、高频升压变压器及倍压整流电路等组成。

上述两种兆欧表，其测量精度一般分为1.0、2.0、5.0、10、20级，其电压等级有100、500、1000、2500V和5000V，测量范围为$0 \sim 10^{11}\Omega$。

四、测量要求及判据

1. 总体要求

（1）在对电缆进行绝缘电阻测量时，由于电缆的分布电容大小与其长度成正比且比较大，因此在加压测量前后都要注意进行较长时间的放电，以防止烧坏兆欧表或造成测量误差。

（2）每次测试完毕后不要关断仪器电源，应先断开L端与电缆的连接。

（3）注意保证测试线之间及测试线L与地之间的绝缘良好。

（4）当测试电压较高时应注意G端的连接。

（5）测试时，应记录环境温度或电缆温度，并进行标准温度换算。

（6）对电缆系统进行绝缘电阻测量时，应分别在每一相上进行。对一相进行测量时，其他两相导体、金属屏蔽或金属护套（铠装层）接地。

（7）绝缘电阻测试过程应有明显充电现象。

（8）电缆电容量大，充电时间较长，试验时必须保证足够的充电时间，待绝缘电阻表指针完全稳定后方可读数。

（9）测量过程中必须保证通信畅通，对侧配合的试验人员必须听从试验负责人指挥。

（10）在测量电缆线路绝缘电阻时，必须进行感应电压测量。

（11）当电缆线路感应电压超过绝缘电阻表输出电压时，应选用输出电压等级更高的绝缘电阻表。

2. 判据

橡塑绝缘电缆的试验项目、周期和判据见表9-1。

表 9-1　　　　　　　　　橡塑绝缘电缆的试验项目、周期和判据

序号	项目	周期	判据	说明
1	主绝缘绝缘电阻	（1）A、B级检修后（新作终端或接头后）； （2）小于等于6年； （3）必要时	（1）绝缘电阻与上次（出厂值）相比不应有显著下降； （2）耐压试验前后，绝缘电阻测量应无明显变化； （3）绝缘电阻值一般应不小于1000MΩ	（1）0.6/1kV电缆用1000V绝缘电阻表； （2）6/10kV以上电缆也可用2500V或5000V绝缘电阻表
2	外护套绝缘电阻	（1）A、B级检修后（新作终端或接头后）； （2）小于等于6年； （3）必要时	每千米绝缘电阻值不应低于0.5MΩ	（1）用500V绝缘电阻表； （2）依据DL/T 596—2021电力设备预防性试验规程

第二节　操作流程与要求

一、主绝缘绝缘电阻测量

（1）记录电缆铭牌、运行编号及大气条件等。

（2）试验前拉开试验电缆两端的线路和接地开关，将电缆与其他设备完全

断开。

（3）试验人员戴绝缘手套，用已接地的绝缘棒对电缆三相逐相充分放电（先经放电棒前端电阻放电，再直接放电）。

（4）根据电缆铭牌选择绝缘电阻表的电压等级，并校验绝缘电阻表是否短路指针指零和开路指针指示无穷大，具体做法参见绝缘电阻表使用说明。

（5）用干燥清洁的柔软布擦去电缆头的表面污垢，必要时可用汽油擦拭，以消除表面泄漏电流的影响，如环境湿度较大需加屏蔽线。

（6）连接好试验接线，对一相进行测量时，其他两相导体、金属屏蔽或金属护套（铠装层）接地，对端三相电缆悬空，且须人员看守监护。将测量线一端接绝缘电阻表L端，绝缘电阻表E端接地。具体试验接线如图9-3、图9-4所示。

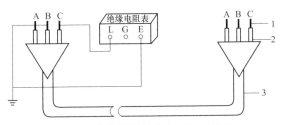

图9-3　电缆芯线绝缘电阻试验接线
1—线芯导体；2—被测线芯绝缘；3—电缆外护套

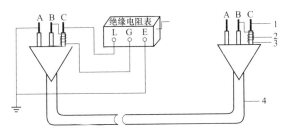

图9-4　电缆芯线绝缘电阻屏蔽测法试验接线
1—线芯导体；2—屏蔽保护环；3—被测线芯绝缘；4—电缆外护套

（7）打开绝缘电阻表电源或驱动绝缘电阻表至额定转速，用绝缘手套将L端引出线另一端连至电缆，待1min时读取绝缘电阻值并记录。

（8）绝缘电阻测试完毕，应先断开接至电缆的测试线，然后再停止摇动绝缘电阻表。

（9）试验完毕后，对被试相电缆进行充分放电（先经放电棒前端电阻放电，再直接放电），再拆除其他试验接线。

（10）按上述步骤进行其他两相绝缘电阻试验。

二、外护套绝缘电阻测量

（1）记录电缆铭牌、运行编号及大气条件等。

（2）试验前拉开试验电缆两端的线路和接地开关，将电缆与其他设备完全断开。

（3）试验人员戴绝缘手套，用已接地的绝缘棒对电缆三相逐相充分放电（先经放电棒前端电阻放电，再直接放电）。

（4）根据电缆铭牌选择绝缘电阻表的电压等级，并校验绝缘电阻表是否短路指针指零和开路指针指示无穷人，具体做法参见绝缘电阻表使用说明。

（5）用干燥清洁的柔软布擦去电缆头的表面污垢，必要时可用汽油擦拭，以消除表面泄漏电流的影响，如环境湿度较大需加屏蔽线。

（6）将"金属护套""金属屏蔽层"接地解开。对端三相电缆悬空，且须人员看守监护。将测量线一端接绝缘电阻表 L 端，绝缘电阻表 E 端接地。试验接线如图 9-5 所示。

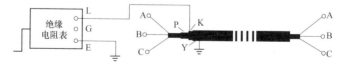

图 9-5　电缆外护套绝缘电阻试验接线
P—金属屏蔽层；K—金属护层（铠装层）；Y—绝缘外护套

（7）打开绝缘电阻表电源或驱动绝缘电阻表至额定转速，用绝缘手套将 L 端引出线另一端连至"金属护层"，待 1min 时读取绝缘电阻值并记录。

（8）绝缘电阻测试完毕，应先断开接至被试电缆"金属护层"的测试线，然后再停止摇动绝缘电阻表。

（9）测试完毕后，对被试电缆"金属护层"进行充分放电（先经放电棒前端电阻放电，再直接放电），再拆除其他试验接线。

（10）试验完毕后，恢复金属护层、金属屏蔽层接地。

三、工器具和仪器仪表（见表9-2）

表 9-2 　　　　　　　　　　　工器具和仪器仪表

序号	名 称		型号／规格	单位	数量	备 注
1	绝缘防护用具	绝缘手套	选取相应电压等级	双	1	放电操作用
		安全帽	选取相应电压等级	顶	若干	每人一顶
2	绝缘操作工具	高阻放电棒	选取相应电压等级	根	1	电缆试验前后，放电用
		接地线	选取相应电压等级	副	2	
3	绝缘电阻测试设备	绝缘电阻表	1000V、2500V	台	1	
		绝缘电阻测试仪	1000V 及以上	台	1	
4	其他主要工器具	验电器	选取相应电压等级	个	2	
		温湿度计		只	1	
		计时器		个	1	通过相关校验
		安全遮栏（围栏）		套	若干	
		安全标识牌		块	若干	
		对讲机		只	2	需根据电缆长度选择
5	材料和备品、备件	试验连接线		条	若干	
		清洁布		包	1	

四、危险点分析及预防控制措施（见表9-3）

表9-3　　　　　　　　危险点分析及预防控制措施

序号	危险点	预防控制措施
1	作业人员进入作业现场不戴安全帽，不穿绝缘鞋，操作人员没有站在绝缘垫上，可能会发生人员伤害事故	进入试验现场，试验人员必须正确佩戴安全帽，穿绝缘鞋，操作人员站在绝缘垫上
2	作业人员进入作业现场，可能会发生走错间隔及与带电设备保持距离不够情况	开始试验前，负责人应对全体试验人员详细说明试验中的安全注意事项；确保操作人员及测试仪器与电力设备的中压部分保持足够的安全距离，根据带电设备的电压等级，试验人员应注意保持与带电体的安全距离不应小于 GB 26861—2011《电力安全工作规程　高压试验室部分》中规定的距离
3	高压试验区不设安全围栏，会使非试验人员误入试验场地，造成触电	试验区应装设专用遮栏或围栏，应向外悬挂"止步，高压危险！"的标示牌，并有专人监护，严禁非试验人员进入试验场地
4	试验设备和被试设备因不良气象条件和外绝缘脏污引起外绝缘闪络	高压试验应在天气良好的情况下进行，遇雷雨、大风等天气应停止试验，禁止在雨天和湿度大于80%时进行试验，保持设备绝缘清洁
5	电缆上残余电荷造成人员触电	进行试验接线前，以及试验结束后，对被试电缆进行充分放电，加压试验期间，非被试电缆短路接地
6	试验完成后没有恢复设备原来状态导致事故发生	试验结束后，恢复被试设备原来状态，进行检查和清理现场

五、测试结果分析

（1）直埋橡塑电缆的外护套、聚氯乙烯外护套，受地下水的长期浸泡吸水后，或者受到外皮破坏而又未完全破损时，其绝缘电阻均可能下降至规定值以下。

（2）测得的主绝缘及护层绝缘电阻都应达到上述规定值。在测量过程中还应注意是否有明显的充放电过程。若无明显充电及放电现象，而绝缘电阻值正常，则应怀疑被试品未接入试验回路。试验记录表见表9-4。

表9-4　　　　　　　10kV交联聚乙烯电缆绝缘电阻测量记录表

线路名称			试验日期		温度	
试验地点			天气		湿度	
电缆规格	电缆型号			电缆截面积（mm²）		
	电压等级(kV)			电缆长度（m）		
电缆主绝缘电阻值（MΩ）						
试验电压（kV）：			试验设备型号：			
A相—地：			B相—地：		C相—地：	
电缆外护套电阻值（MΩ）						
试验电压（kV）：			试验设备型号：			
外护套绝缘电阻：						
试验结论						
试验人员				审核人员		
备注						

【思考与练习】

1.开展配电电缆绝缘电阻测量的步骤及要求是什么？

2.配电电缆绝缘电阻测量，选择测量设备时有哪些要求？

【知识延伸】

影响电缆绝缘电阻的因素主要有以下4个方面：

1.温度的影响

运行中的电力设备其温度随周围环境变化，其绝缘电阻也是随温度而变化的。一般情况下，绝缘电阻随温度升高而降低。原因在于温度升高时，绝缘介质内部离子、分子运动加剧，绝缘物内的水分及其中含有的杂质、盐分等物质也呈扩散趋势，使电导增加，绝缘电阻降低。这与导体的电阻随温度的变化是不一样的。

2.湿度和电力设备表面脏污的影响

电力设备周围环境湿度的变化及空气污染造成的表面脏污对绝缘电阻影响很大。空气相对湿度增大时，绝缘物表面吸附许多水分，使表面电导率增加，绝缘电阻降低。当绝缘物表面形成 连通水膜时，绝缘电阻更低。

3.残余电荷的影响

大容量设备运行中遗留的残余电荷或试验中形成的残余电荷未完全放尽，会造成绝缘电阻偏大或偏小，引起测得的绝缘电阻不真实。残余电荷的极性与绝缘电阻表的极性相同时，测得的 绝缘电阻将比真实值增大；残余电荷的极性与绝缘电阻表的极性相反时，测得的绝缘电阻将比 真实值减小。原因在于极性相同时，由于同性相斥，绝缘电阻表输出较少电荷；极性相反时，绝缘 电阻表要输出更多电荷去中和残余电荷。为消除残余电荷的影响，测量绝缘电阻前必须充分接地放电，重复测量时也应充分放电，大容量设备应至少放电 5min以上。

4.感应电压的影响

现场预防性试验中，由于带电设备与停电设备之间的电容耦合，使得停电设备带有一定电压等级的感应电压。感应电压对绝缘电阻测量有很大影响。感应电压强烈时可能损坏绝缘电 阻表或造成指针乱摆，得不到真实的测量值。

第十章

电缆敷设

本章介绍电缆敷设常用机具的类型、使用和维护方法，以及电缆敷设的基本要求、各类敷设方式的特点。帮助读者了解电缆敷设常用挖掘、装卸运输、牵引机具和敷设专用工器具的用途和特点、电缆敷设常用机具的配置使用和维护方法；熟悉电缆敷设牵引、弯曲半径、电缆排列固定和标示牌装设等基本要求；掌握电缆敷设施工基本方法和各种技术要求。

第一节　施工机具使用

电缆敷设施工需使用各种机械设备和工器具，包括挖掘与起重运输机械、牵引机械和其他专用敷设机械与器具。

一、挖掘与起重运输机械

1.气镐和空气压缩机

气镐是以压缩空气为动力，用镐杆敲凿路面结构层的气动工具。除气镐外，挖掘路面的设备还有内燃凿岩机、象鼻式掘路机等机械。空气压缩机有螺杆式和活塞式两种，通常采用燃油发动机为动力。螺杆式空气压缩机具有噪声较小的优点，较适宜城市道路的挖掘施工。

使用注意事项：

（1）保持气镐内部清洁和气管接头接牢。

（2）在软矿层工作时，勿使镐钎全部插入矿层，以防空击。

（3）镐钎卡在岩缝中，不可猛力摇动气镐，以免缸体和连接套螺纹部分受损。

（4）工作时应检查镐钎尾部和衬套配合情况，间隙不得过大或过小，以防镐钎偏歪和卡死。

2.水平导向钻机

水平导向钻机是一种能满足在不开挖地表的条件下完成管道埋设的施工机械，即通过它实现"非开挖施工技术"。水平导向钻机的特点是具有液压控制和电子跟踪装置，能够有效控制钻头的前进方向。

（1）使用方法：按经可视化探测设计的非开挖钻进轨迹路径，先钻定向导向孔，同时注入适量以膨润土加水调匀的钻进液，以保持管壁稳定，并根据当地土壤特性调整泥浆黏度、密度比重、固相含量等参数。在全线贯通后再回头扩孔，当孔径符合设计要求时拉入电缆管道。

（2）注意事项：在水平导向钻机开机后，要对定向钻头进行导向监控。一般每钻进2m用电子跟踪装置测一次钻头位置，以保证钻头不偏离设计轨迹。

3.起重运输机械

起重运输机械包括汽车、起重机和自卸汽车等。用于电缆盘、各种管材、保护盖板和电缆附件的装卸和运输，以及电缆沟余土的外运。

二、牵引机械

1.电动卷扬机

电动卷扬机是以电动机作为动力，通过驱动装置使卷筒回转的机械装置，如图10-1所示。在敷设电缆时，电动卷扬机可以用来牵引电缆。

图 10-1　电动卷扬机

（1）工作原理：当卷扬机接通电源后，电动机逆时针方向转动，通过连接轴带动齿轮箱的输入轴转动，齿轮箱的输出轴上装的小齿轮带动大齿轮和卷筒转动（大齿轮固定在卷筒上，卷筒和大齿轮一起转动），卷筒卷进钢丝绳使电缆前行。

（2）使用及注意事项：

1）卷扬机应选择合适的安装地点，并固定牢固。

2）开动卷扬机前，应对各卷扬机的各部分进行检查，确认有无松脱或损坏。

3）钢丝绳在卷扬机滚筒上的排列要整齐，工作时不能放尽，至少要留5圈。

4）卷扬机操作人员应与相关工作人员保持密切联系。

（3）日常维护：

1）工作中检查运转情况，确认有无噪声、振动。

2）检查电动机、减速箱及其他连接部是否紧固。确认制动器是否灵活可靠、弹性联轴器是否正常、传动防护是否良好。

3）检查电控箱各操作开关是否正常，阴雨天应特别注意检查电器的防潮。

4）定期清洁设备表面油污，对卷扬机开式齿轮、卷筒轴两端加油润滑，并对卷扬机钢丝绳进行润滑。

2.电缆输送机

电缆输送机包括主机架、电动机、变速装置、传动装置和输送轮，是一种电缆输送机械。电缆输送机如图10-2所示。

图 10-2　电缆输送机

（1）工作原理：电缆输送机以电动机驱动，用凹型橡胶带夹紧电缆，并用预压弹簧调节对电缆的压力，使之对电缆产生一定的推力。

1）使用前，应检查输送机各部分有无损坏，确认履带表面无异物。

2）在电缆敷设施工时，如果同时使用多台输送机和牵引车，则必须要有联动控制装置，使各台输送机和牵引车的操作能集中控制、关停同步、速度一致。

（2）日常维护：

1）输送机运行一段时间以后，链条可能会松弛，应自行调整，并在链条部位加机油润滑。

2）检查各个连接部位的紧固件的连接是否松动，对出现异常的进行恢复，避免因零部件松动损坏设备。

3）检查履带的磨损状况，及时更换，以免正常夹紧力时敷设电缆的输送力不够，或夹紧力太大损伤电缆的外护套。

三、其他专用敷设机械和器具

1. 电缆盘支架、液压千斤顶和电缆盘制动装置

（1）电缆盘支架一般用钢管或型钢制作，要求坚固，有足够的稳定性和适用于多种电缆盘的通用性。

（2）电缆盘支架上配有液压千斤顶，用以顶升电缆盘和调整电缆盘离地面的高度及盘轴的水平度。

（3）为了防止由于电缆盘转动速度过快导致盘上外圈电缆松弛下垂，以及为满足敷设过程中临时停车的需要，电缆盘应安装有效的制动装置。

电缆盘支架、千斤顶和电缆盘制动装置如图10-3所示。

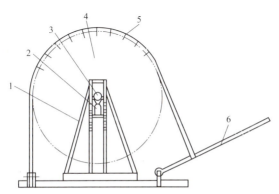

图10-3　电缆盘支架、千斤顶和电缆盘制动装置示意图

1—电缆盘支架；2—千斤顶；3—电缆盘轴；4—电缆盘；5—制动带；6—制动手柄

2. 防捻器

防捻器是安装在电缆牵引端和牵引钢丝绳之间的连接器，是采用钢丝绳牵引电缆时必备的重要器具之一。防捻器如图10-4所示，因它具有两侧可相对旋转，并有耐牵引的抗张强度的特性，所以用它来消除牵引钢丝绳在受张力后的退扭力和电缆自身的扭转应力。

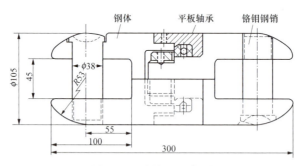

图 10-4 防捻器示意图

3. 电缆牵引端和牵引网套

（1）电缆牵引端（电缆牵引头）：装在电缆端部用作牵引电缆的一种金具，它将牵引钢丝绳上的拉力传递到电缆的导体和金属护套。电缆牵引头能承受电缆敷设时的拉力，又是电缆端部的密封套头，安装后应具有与电缆金属护套相同的密封性能。有的牵引端的拉环可以转动，牵引时有退扭作用，如果拉环不能转动，则需连接一只防捻器。

用于不同结构电缆的牵引头有不同的设计和式样。三芯交联电缆牵引头如图10-5所示。

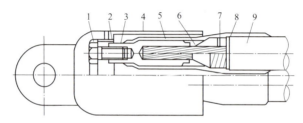

图 10-5 三芯交联电缆牵引头示意图

1—紧固螺栓；2—分线金具；3—牵引头主体；4—牵引头盖；5—防水层；6—防水填料；

7—护套绝缘检测用导线；8—防水填料；9—电缆

（2）牵引网套：牵引网套是用细钢丝绳、尼龙绳或麻绳经编结而成，用于牵引力较小或作辅助牵引，牵引力小于电缆护层的允许牵引力。电缆牵引网套如图10-6所示。

图 10-6　电缆牵引网套

4.电缆滚轮

正确使用电缆滚轮，可有效减小电缆的牵引力和侧压力，避免电缆外护层遭到损伤。滚轮的轴与其支架之间可采用耐磨轴套，也可采用滚动轴承；后者的摩擦力比前者小，但必须经常维护。为适应各种不同敷设现场的具体情况，电缆滚轮有普通型、加长型和L型等。一般在电缆敷设路径上每2～3m放置一个滚轮，以电缆不拖地为原则。

5.电缆外护套防护用具

为防止电缆外护套在管孔口、工作井口等处由于牵引时受力被刮破、擦伤，应采用适当的防护用具。通常在管孔口安装一副由两个半件组合的防护喇叭，在工作井口、隧道、竖井口等处采用波纹聚乙烯管防护，将其套在电缆上。

6.钢丝绳

在电缆敷设牵引或起吊重物时，通常使用钢丝绳作为连接。

（1）使用及注意事项：

1）使用钢丝绳时不得超过允许最大使用拉力。

2）钢丝绳中有断股、磨损或腐蚀达到及超过原钢丝绳直径40%，或钢丝绳受过严重火灾或局部电火烧过时，应予报废。

3）钢丝绳在使用中断丝增加很快时，应予换新。

4）环绳或双头绳结合段长度不应小于钢丝绳直径的20倍，最短不应小于300mm。

5）当钢丝绳起吊有棱角的重物时，必须垫以麻袋或木板等物，以避免物件尖锐边缘割伤绳索。

（2）日常维护：

1）钢丝绳上的污垢应用抹布和煤油清除，不得使用钢丝刷及其他锐利的工具清除。

2）钢丝绳须定期上油，并放置在通风良好的室内架上保管。

3）钢丝绳必须定期进行拉力试验。

第二节　电缆敷设相关知识

一、电缆敷设基本要求

1.电缆敷设一般要求

敷设施工前，应按照工程实际情况对电缆敷设机械力进行计算。敷设施工中应采取必要措施，确保各段电缆的敷设机械力在允许范围内。根据敷设机械力计算结果确定敷设设备的规格，并按最大允许机械力确定被牵引电缆的最大长度和最小弯曲半径。

2.电缆的牵引方法

电缆的牵引方法主要有制作牵引头和网套牵引两种。为消除电缆的扭力和不退扭钢丝绳的扭转力传递作用，牵引前端必须加装防捻器。

（1）牵引头。连接卷扬机的钢丝绳和电缆首端的金具称作牵引头，它不但是电缆首端的一个密封套头，还是牵引电缆时将卷扬机的牵引力传递到电缆导体的连接件。对有压力的电缆，牵引头还带有可拆接的供油或供气的油嘴，以便需要时连接供气或供油的压力箱。

（2）牵引网套。牵引网套是用钢丝绳（也有用尼龙绳或白麻绳）由人工编织而成。由于牵引网套只是将牵引力过渡到电缆护层上，而护层允许牵引强度较小，因此不能代替牵引头。只有在线路不长，经过计算牵引力小于护层的允许牵引力时，才可单独使用牵引网套。

（3）防捻器。用不退扭钢丝绳牵引电缆时，在达到一定张力后，钢丝绳会出现退扭；更由于卷扬机将钢丝绳收到收线盘上时，增大了旋转电缆的力矩，如不及时消除这种退扭力，电缆会受到扭转应力。扭转应力不但会损坏电缆结构，而且在牵引完毕后，积聚在钢丝绳上的扭转应力会使钢丝绳弹跳，易于击伤施工人员。为此，在牵引电缆前应串联一只防捻器。

二、配电电缆弯曲半径

电缆在制造运输和敷设安装施工中，总要受到弯曲。弯曲时，电缆外侧被拉伸，内侧被挤压。由于电缆材料和结构特性的原因，电缆能够承受弯曲，但有一定的限度。过度的弯曲容易对电缆的绝缘层和护套造成损伤，甚至破坏电缆，因此规定电缆的最小弯曲半径应满足电缆供货商的技术规定数据。在制造商无规定时，按表10-1执行。

表 10-1　　　　　　　　　　配电电缆最小弯曲半径

状态	单芯电缆		三芯电缆	
	无铠装	有铠装	无铠装	有铠装
敷设时	$20D$	$15D$	$15D$	$12D$
运行时	$15D$	$12D$	$12D$	$10D$

注　D 为电缆外径。

三、电缆的排列要求

1.同一侧的多层支架上敷设

（1）应按电压等级由高至低的电力电缆、强电至弱电的控制电缆和信号电缆、通信电缆由上而下的顺序排列。

1）当水平通道中含有35kV以上高压电缆，或为满足引入柜盘的电缆符合允许弯曲半径要求时，宜按由下而上的顺序排列。

2）在同一工程中或电缆通道延伸于不同工程的情况，均应按相同的上下排列顺序配置。

（2）支架层数受到通道空间限制时，35kV及以下的相邻电压等级电力电缆可排列于同一层支架上，1kV及以下电力电缆也可与强电控制和信号电缆配置在同一层支架上。

（3）同一重要回路的工作与备用电缆实行耐火分隔时，应配置在不同层的支架上。

2.同一层支架上电缆排列敷设

（1）控制电缆和信号电缆可紧靠或多层叠置。

（2）除交流系统用单芯电力电缆的同一回路可采取正三角形配置外，重要的同一回路多根电力电缆不宜叠置。

（3）除交流系统用单芯电缆外，电力电缆相互之间宜有不小于0.1m的空隙。

四、电缆的固定

垂直敷设或超过30°倾斜敷设的电缆，水平敷设转弯处或易于滑脱的电缆，以及靠近终端或接头附近的电缆，都必须采用特制的夹具将电缆固定在支架上。其作用在于把电缆的重力和因热胀冷缩产生的热机械力分散到各个夹具上或得到释放，使电缆绝缘、护层、终端或接头的密封部位免受机械损伤。

1.刚性固定

采用间距密集布置的夹具将电缆固定，两个相邻夹具之间的电缆在受到重力和热胀冷缩的作用下被约束不能发生位移，这种夹紧固定方式称为电缆刚性固定，如图10-7所示。

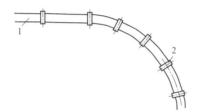

图 10-7　电缆刚性固定示意图

1—电缆；2—电缆夹具

刚性固定通常适用于截面积不大的电缆。当电缆导体受热膨胀时，热机械力转变为内部压缩应力，可防止电缆由于严重局部应力而产生纵向弯曲。在电缆线路转弯处，相邻夹具的间距应较小，约为直线部分的1/2。

2.挠性固定

允许电缆在受到热胀冷缩影响时可沿固定处轴向产生一定的角度变化或稍有横向位移的固定方式称为电缆挠性固定，如图10-8所示。

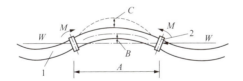

图 10-8　电缆挠性固定示意图

A—电缆挠性固定夹具节距；B—电缆至中轴线固定幅值；C—挠性固定电缆移动幅值；

M—移动夹具转动方向；W—两只夹具之间中轴线

1—电缆；2—移动夹具

采取挠性固定时，电缆呈蛇形敷设，即将电缆沿平面或垂直部位敷设成近似正弦波的连续波浪形，在波浪形两头电缆用夹具固定，而在波峰（谷）处电缆不装夹具或装设可移动式夹具，以使电缆可以自由平移。

3.固定夹具安装

（1）选择合适的夹具。电缆夹具一般采用两半组合结构。固定电缆用的夹具、扎带、捆绳或支托件等部件，应具有表面光滑、便于安装、足够的机械强度和适合使用环境的耐久性。单芯电缆夹具不得以铁磁材料构成闭合磁路。电缆夹具如图10-9所示。

图 10-9　电缆夹具

（2）衬垫。在电缆和夹具之间，要加上衬垫。衬垫材料有橡皮、塑料、铅板和木质垫圈，也可用电缆上剥下的塑料护套作为衬垫。衬垫在电缆和夹具之间形成一个缓冲层，使得夹具既夹紧电缆，又不易夹伤电缆。裸金属护套或裸铠装电缆以绝缘材料作衬垫，使电缆护层对地绝缘，以免受杂散电流或通过护层入地的短路电流的伤害。过桥电缆在夹具间加弹性衬垫，有防震作用。

（3）安装。在电缆隧道、电缆沟的转弯处、电缆桥架的两端采用挠性固定方式时，应选用移动式电缆夹具。固定夹具应当由有经验的人员安装。所有夹具的松紧程度应基本一致，夹具两边的螺钉应交替紧固，不能过紧或过松，采用力矩扳手紧固为宜。

4.电缆附件固定要求

35kV 及以下电缆明敷时，应设置适当固定的部位，并应符合下列规定：

（1）水平敷设，应设置在电缆线路首、末端和转弯处以及接头的两侧，且宜设置在直线段每隔不少于100m处。

（2）垂直敷设，应设置在上、下端和中间适当数量位置处。

（3）斜坡敷设，应遵照前两条规定因地制宜。

（4）当电缆间需保持一定间隙时，宜设置在每隔约10m处。

电缆支持及固定如图 10-10 所示。

5.电缆支架的选用

电缆支架除支持工作电流大于1500A的交流系统单芯电缆外，宜选用钢制。

图 10-10　电缆支持及固定

五、电缆线路标示牌

1.标示牌装设要求

（1）电缆敷设排列固定后，应及时装设标示牌。

（2）电缆线路标示牌装设应符合位置规定。

（3）标示牌上应注明线路编号，无编号时，应写明电缆型号、规格及起讫地点。

（4）并联使用的电缆线路应有顺序号。

（5）标示牌字迹应清晰、不易脱洛。

（6）标示牌规格宜统一。标示牌应能防腐，挂装应牢固。电缆排管敷设标示牌装设如图 10-11 所示。

2.标示牌装设位置

（1）在生产厂房或变电站内，应在电缆终端和电缆接头处装设电缆标示牌。

（2）电力电缆线路应在下列部位装设标示牌：

1）电缆终端和电缆接头处；

图 10—11　电缆排管敷设标示牌装设

2）电缆管两端电缆沟、电缆井等敞开处；

3）电缆隧道内转弯处、电缆分支处、直线段间隔50～100m处。

第三节　典型敷设方式

一、电缆直埋敷设

1.直埋敷设的特点

直埋敷设适用于电缆线路不太密集和交通不太繁忙的城市地下走廊，如市区人行道、公共绿化、建筑物边缘地带等。直埋敷设不需要大量的前期土建工程，施工周期较短，是一种比较经济的敷设方式。电缆埋设在土壤中，一般散热条件比较好，线路输送容量比较大。

直埋敷设较容易遭受机械外力损坏和周围土壤的化学或电化学腐蚀，以及白蚁和老鼠危害。地下管网较多的地段，可能有熔化金属、高温液体和对电缆有腐蚀液体溢出的场所，待开发、有较频繁开挖的地方，不宜采用直埋敷设。

直埋敷设法不宜敷设电压等级较高的电缆，通常35kV及以下电压等级铠装电力电缆可直埋敷设于土壤中。直埋电缆上方应铺设警示带，地面埋设路径标桩或设置路径牌等警示标志。

2. 直埋敷设的施工方法

（1）直埋敷设作业前准备。根据敷设施工设计图所选择的电缆路径，必须经城市规划管理部门确认。敷设前，应申办电缆线路管线执照、掘路执照和道路施工许可证。沿电缆路径开挖样洞，查明电缆线路路径上邻近地下管线和土质情况，按电缆电压等级、品种结构和分盘长度等，制订详细的分段施工敷设方案。如有邻近地下管线、建筑物或树木迁让，应明确各公用管线和绿化管理单位的配合、赔偿事宜，办理书面协议。

明确施工组织机构，制定安全生产保证措施、施工质量保证措施及文明施工保证措施。熟悉施工图纸，根据开挖样洞的情况对施工图做必要修改。确定电缆分段长度和接头位置。编制敷设施工作业指导书。

确定各段敷设方案和必要的技术措施，施工前对各盘电缆进行验收，检查电缆有无机械损伤，封端是否良好，有无电缆"保质书"，进行绝缘校潮试验、油样试验和护层绝缘试验。

除电缆外，主要材料包括各种电缆附件、电缆保护盖板、过路导管。机具设备包括各种挖掘机械、敷设专用机械、工地临时设施（工棚）、施工围栏、临时路基板。运输方面的准备，应根据每盘电缆的质量制订运输计划，同时应备有相应的大件运输装卸设备。

（2）直埋作业敷设操作步骤。直埋电缆敷设作业操作步骤应按照如图10-12所示电缆直埋敷设作业顺序操作。

直埋沟槽的挖掘应按图纸标示电缆线路坐标位置，在地面划出电缆线路位置及走向。凡电缆线路经过的道路和建筑物墙壁，均按标高敷设过路导管和过墙管。根据划出电缆线路位置及走向开挖电缆沟，直埋沟的形状挖成上大下小的倒梯形。电缆埋设深度应符合相关标准，其宽度由电缆数量来确定，但不得小于0.4m。电缆沟转角处要挖成圆弧形，并保证电缆的允许弯曲半径。保证电缆之间、电缆与其他管道之间平行和交叉的最小净距离。

在电缆直埋的路径上，凡遇到以下情况，应分别采取保护措施：

1）机械损伤：加保护管。

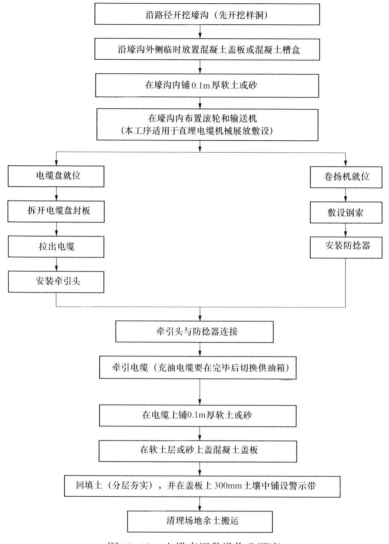

图 10-12　电缆直埋敷设作业顺序

2）化学作用：换土并隔离（如陶瓷管），或与相关部门联系，征得同意后绕开。

3）地下电流：屏蔽或加套陶瓷管。

4）腐蚀物质：换土并隔离。

5）虫鼠危害：加保护管或其他隔离保护等。

挖沟时应注意地下的原有设施，遇到电缆、管道等，应与有关部门联系，不得随意损坏。

在安装电缆接头处，电缆沟应加宽和加深，这一段沟称为接头坑。接头坑应避免设置在道路交叉口、有车辆进出的建筑物门口、电缆线路转弯处及地下管线密集处。电缆接头坑的位置应选择在电缆线路直线部分，与导管口的距离应在3m以上。接头坑的大小要能满足接头的操作需要。一般电缆接头坑宽度为电缆沟宽度的2~3倍，接头坑深度要使接头保护盒与电缆有相同埋设深度。接头坑的长度需满足全部接头安装和接头外壳临时套在电缆上的一段直线距离。

对挖好的沟进行平整和清除杂物，全线检查，应符合前述要求。合格后可将细砂、软土铺在沟内，厚度0.1m，沙子中不得有石块、锋利物及其他杂物。所有堆土应置于沟的一侧，且距沟边1m以外，以免放电缆时滑落沟内。

在开挖好的电缆沟槽内敷设电缆时必须用放线架。直埋电缆敷设沟槽施工断面如图10-13所示。电缆的牵引可用人工牵引和机械牵引。将电缆放在放线支架上，注意电缆盘上箭头方向，不要弄反。

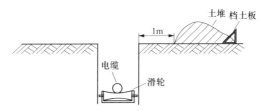

图10-13　直埋电缆敷设沟槽施工断面示意图

电缆的埋设与热力管道交叉或平行敷设，如不能满足允许距离要求时，应在接近或交叉点前后做隔热处理。隔热材料可用泡沫混凝土、石棉水泥板、软木或玻璃丝板。埋设隔热材料时，除热力的沟（管）宽度外，两边各伸出2m。电缆宜从隔热后的沟下面穿过，任何时候不能将电缆平行敷设在热力沟的上、下方。穿过热力沟部分的电缆除隔热层外，还应穿管保护。

人工牵引展放电缆就是每隔几米有人肩扛着放开的电缆并在沟内向前移动，或在沟内每隔几米有人持展开的电缆向前传递而人不移动。在电缆轴架处有人分别站在两侧用力转动电缆盘。牵引速度宜慢，转动轴架的速度应与牵引速度同步。遇到保护管时应将电缆穿入保护管，并有人在管孔守候，以免卡阻或意外。

机械牵引和人力牵引基本相同。机械牵引前应根据电缆规格先沿沟底放置滚轮，并将电缆放在滚轮上，滚轮的间距以电缆通过滑车不下垂碰地为原则，以避免与地面、沙面的摩擦。电缆转弯处需放置转角滑车来保护，电缆盘的两侧应有人协助转动。电缆的牵引端用牵引头或牵引网罩牵引，牵引速度应小于15m/min。电缆直埋敷设施工纵向断面如图10-14所示。

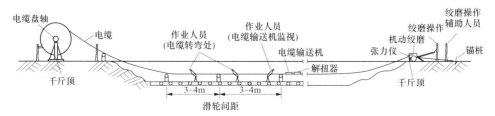

图10-14　电缆直埋敷设施工纵向断面示意图

敷设时，电缆不要碰地、摩擦沟沿或沟底硬物。

电缆在沟内应留有一定的波形余量，以防冬季电缆收缩受力。多根电缆同沟敷设应排列整齐。

先向沟内充填0.1m的软土或砂，然后盖上保护盖板，保护板之间要靠近。也可把电缆放入预制钢筋混凝土槽盒内填满软土或砂，然后盖上槽盒盖。

为防止电缆遭受外力损坏，在电缆接头做完后再砌井或铺砂盖保护板。在电缆保护盖板上铺设印有"电力电缆"和管理单位名称的标识。

回填土应分层填好夯实，保护盖板上应全新铺设警示带，覆盖土要高于地面0.15～0.2m，以防沉陷。将覆土略压平，把现场清理和打扫干净。

在电缆直埋路径上按规定的适当间距位置埋标桩（牌）。

冬季环境温度过低，电缆绝缘和塑料护层在低温时物理性能发生明显变化，因此不宜进行电缆的敷设施工。如果必须在低温条件下进行电缆敷设，应对电缆进行预加热处理。

当施工现场的温度不能满足要求时，应采用适当的措施，避免损坏电缆，如采取加热法或躲开寒冷期等。一般加温预热方法如下：

1）用提高周围空气温度的方法加热。当温度为5～10℃时，需72h；当温度为25℃时，则需用24～36h。

2）用电流通过电缆导体的方法加热。加热电缆不得大于电缆的额定电流，加热后电缆的表面温度应根据各地的气候条件决定，但不得低于5℃。

经烘热的电缆应尽快敷设，敷设前放置的时间一般不超过1h。当电缆冷至低于规定温度时，不宜弯曲。

（3）直埋敷设作业质量标准及注意事项。

1）直埋电缆一般选用铠装电缆。只有在修理电缆时，才允许用短段无铠装电缆，但必须外加机械保护。选择直埋电缆路径时，应注意直埋电缆周围的土壤中不得含有腐蚀电缆的物质。

2）电缆表面距地面的距离应不小于0.7m。冬季土壤冻结深度大于0.7m的地区，应适当加大埋设深度，使电缆埋于冻土层以下。引入建筑物或地下障碍物交叉时可浅一些，但应采取保护措施，且不得小于0.3m。

3）电缆沟底必须具有良好的土层，不应有石块或其他硬质杂物，应铺0.1m的软土或砂层。电缆敷设好后，上面再铺0.1m的软土或砂层。沿电缆全长应盖混凝土保护板，覆盖宽度应超出电缆两侧0.05m。在特殊情况下，可以用砖代替混凝土保护板。

4）电缆中间接头盒外面应有防止机械损伤的保护盒（有较好机械强度的塑料电缆中间接头除外）。

5）电缆线路全线应设立电缆位置的标识，间距应合适。

6）电缆与电缆、管道、道路、构筑物等之间的容许最小距离，应符合表10-2规定。

表10-2 电缆与电缆、管道、道路、构筑物等之间的容许最小距离

电缆直埋敷设时的配置情况		平行（m）	交叉（m）
控制电缆之间		—	0.5
电力电缆之间或与控制电缆之间	10kV 及以下电力电缆	0.1	0.5
	10kV 以上电力电缆	0.25	0.5

电缆直埋敷设时的配置情况		平行（m）	交叉（m）
不同部门使用的电缆		0.5	0.5
电缆与地下管沟	热力管道	2	0.5
	油管或易（可）燃气管道	1	0.5
	其他管道	0.5	0.5
电缆与铁路	非直流电气化铁路路轨	3	1.0
	直流电气化铁路路轨	10	1.0
电缆与建筑物基础		0.6	—
电缆与公路边		1.0	—
电缆与排水沟		1.0	—
电缆与树木的主干		0.7	—
电缆与 1kV 以下架空线电杆		1.0	—
电缆与 1kV 以上架空线杆塔基础		4.0	—

特殊情况时，减小值不得大于 50%（电缆穿管敷设时，与公路、街道路面、杆塔基础、建筑物基础、排水沟等的平行最小间距可按表 10-2 中数据减半）。

7）电力电缆间、控制电缆间及它们相互之间，不同使用部门的电缆间在交叉点前后 1m 范围内，当电缆穿入管中或用隔板隔开时，其交叉净距可降低为 0.25m。

8）电缆与热管道（沟）、油管道（沟）、可燃气体及易燃液体管道（沟）、热力设备或其他管道（沟）之间，虽净距能满足要求，但检修道路可能伤及电缆时，在交叉点前后 1m 范围内应采取保护措施。电缆与热管道（沟）及热力设备平行、交叉时，应采取隔热措施，使电缆周围土壤的温升不超过 10℃。

9）当直流电缆与电气化铁路路轨平行、交叉，其净距不能满足要求时，应采取防电化腐蚀的措施。防止措施主要有增加绝缘和增设保护电极。

10）直埋电缆穿越城市街道、公路、铁路，或穿过有载重车辆通过的大门，进入建筑物的墙角处，进入隧道、人井，或从地下引出到地面时，应将电缆敷设在满足强度要求的管道内，并将管口封堵好。

11）直埋敷设的电缆与铁路、公路或街道交叉时，应穿保护管，保护范围应超出路基、街道路两边及排水沟边 0.5m 以上。引入构筑物，在贯穿墙孔处应设置保护管，管口应施阻水堵塞。

12）直埋敷设电缆采取特殊换土回填时，回填土的土质应对电缆外护层无腐蚀性。在电缆线路路径上有可能使电缆受到机械性损伤、化学作用、地下电流、振动、热影响、腐蚀物质、虫害等危害的地段，应采取保护措施（如穿管、铺砂、筑槽、毒土处理等）。

13）直埋电缆回填土前，应经隐蔽工程验收合格，并分层夯实。

3.直埋敷设的危险点分析与控制

（1）高处坠落：①直埋敷设作业中起吊电缆上终端塔，登高工作前应检查杆根或铁塔基础是否牢固，必要时加设拉线；②在高度超过 1.5m 的工作地点工作时，应系安全带，或采取其他可靠的措施；③作业过程中起吊电缆时必须系好安全带，安全带必须绑在牢固物件上，转移作业位置时不得失去安全带保护，并应有专人监护；④施工现场的所有孔洞应设可靠的围栏或盖板。

（2）高空落物：①直埋敷设作业中起吊电缆，遇到高处作业必须使用工具包防止掉东西；②所用的工器具、材料等必须用绳索传递，不得乱扔，终端塔下应防止行人逗留；③现场人员应按《国家电网公司电力安全工作规程》标准戴安全帽；④起吊电缆时应避免上下交叉作业，上下交叉作业或多人一处作业时应相互照应、密切配合。

（3）烫伤、烧伤：①封电缆牵引头和电缆帽头等动用明火作业时，火焰应远离易燃易爆品，工作人员应穿长袖工作服；②不熟悉喷灯或喷枪使用方法的人员不得擅自使用喷灯；③使用喷枪应先检查本体是否漏气或堵塞，禁止在明火附近进行放气或点火；④喷枪使用完毕应放置在安全地点，冷却后装运。

（4）机械损伤：①在使用电锯锯电缆时，应使用合格的带有保护罩的电锯；②不准使用无合格防护罩和有裂纹及其他不良情况的砂轮机和无齿锯。

（5）触电：①现场施工电源应采用绝缘导线，并在开关箱的首端处装设合格的剩余电流动作保护器；②现场使用的电动工具应按规定周期进行试验合格；

③移动式电动设备或电动工具应使用软橡胶电缆，电缆不得破损、漏电。

（6）挤伤、砸伤：①电缆盘运输、敷设过程中应设专人监护，防止电缆盘倾倒；②用滑车敷设电缆时，不要在滑车滚动时用手搬动滑车，工作人员应站在滑车前进方向。

（7）钢丝绳断裂：①用机械牵引电缆时，绳索应有足够的机械强度；②工作人员应站在安全位置，不得站在钢丝绳内角侧等危险地段；③电缆盘转动时，应用工具控制转速。

（8）现场勘查不清：①必须核对图纸，勘查现场，查明可能向作业点反送电的电源，并断开其断路器、隔离开关；②对大型作业及较为复杂的施工项目，勘查现场后，制定"三措"（施工组织措施、技术措施、安全措施）并报有关领导批准后，方可实施。

（9）任务不清：现场负责人要在作业前将人员的任务分工、危险点及控制措施予以明确并交代清楚。

（10）人员安排不当：①选派的工作负责人应有一定的工作经验、较强的责任心和安全意识，并熟练掌握所承担工作的检修项目和质量标准；②选派的工作班成员能安全、保质保量地完成所承担的工作任务；③工作人员精神状态和身体条件能够胜任本职工作。

（11）特种工作作业票不全：电焊、起重、动用明火等特殊工作现场作业票、动火票应齐全。

（12）单人留在作业现场：起吊电缆盘及起吊电缆上终端构架时，工作人员不得单独留在作业现场。

（13）违反监护制度：①被监护人在作业过程中，工作监护人的视线不得离开被监护人；②专责监护人不得做其他工作。

（14）违反现场作业纪律：①工作负责人应及时提醒和制止影响工作安全的行为；②工作负责人应注意观察工作班成员的精神和身体状态，必要时可对作业人员进行适当的调整；③工作中严禁喝酒、谈笑、打闹等。

（15）擅自变更现场安全措施：①不得随意变更现场安全措施；②特殊情况下

需要变更安全措施时，必须征得工作负责人的同意，完成后及时恢复原安全措施。

（16）穿越临时遮栏：①临时遮栏的装设需在保证作业人员不能误登带电设备的前提下，方便作业人员进出现场和实施作业；②严禁穿越和擅自移动临时遮栏。

（17）工作不协调：①多人同时进行工作时，应互相呼应、协同作业；②多人同时进行工作，应设专人指挥，并明确指挥方式；③使用通信工具应事先检查工具是否完好。

（18）交通安全：①工作负责人应提醒司机安全行车；②乘车人员严禁在车上打闹或将头、手伸出车外；③注意防止随车装运的工器具挤、砸、碰伤乘车人员。

（19）交通伤害：在交通路口、人口密集地段工作时，应设安全围栏、挂标示牌。

二、电缆排管敷设

1.排管敷设的特点

电缆排管敷设对电缆的保护效果比直埋敷设好，电缆不容易受到外部机械损伤，占用空间小，且运行可靠。当电缆敷设回路数较多、平行敷设于道路的下面或穿越公路、铁路和建筑物时，排管敷设为一种较好的选择。排管敷设适用于交通比较繁忙、地下走廊比较拥挤、敷设电缆数较多的地段。敷设在排管中的电缆应有塑料外护套，不得有金属铠装层。

工作井和排管的位置一般在城市道路外侧的绿化带或者人行道上，实在没有位置也可以设置在非机动车道上。工作井和排管的土建工程完成后，除敷设近期的电缆线路外，以后若相同路径的电缆线路安装维修或更新电缆，则不必重复挖掘路面。电缆排管敷设和更换电缆方便，但散热差，影响电缆载流量；土建工程投资较大，工期较长；当管道中电缆或工作井内接头发生故障，往往需要更换两座工作井之间的整段电缆，修理费用较大。

2.排管敷设的施工方法

电缆排管敷设如图10-15所示，电缆排管敷设作业顺序如图10-16所示。

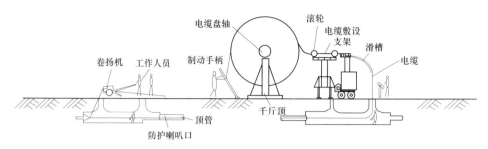

图 10-15　电缆排管敷设示意图

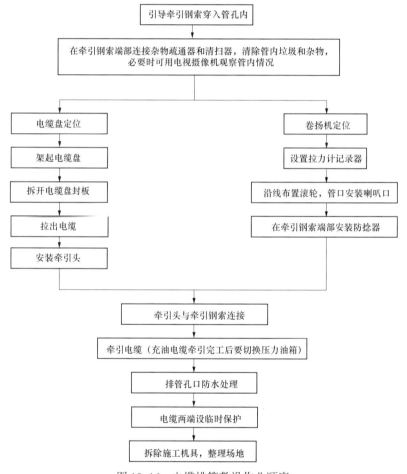

图 10-16　电缆排管敷设作业顺序

（1）排管敷设作业前的准备：排管建好后，敷设电缆前，应检查电缆排管安装时的封堵是否良好。电缆排管内不得有因漏浆形成的水泥结块及其他残留物；衬管接头处应光滑，不得有尖突。如发现问题，应进行疏通清扫，以保证管内无积水、无杂物堵塞。在疏通检查过程中发现排管内有可能损伤电缆护套的异物必须及时清除。清除的方法可用钢丝刷、铁链和疏通器来回牵拉，必要时用管道内窥镜探测检查。只有当管道内异物清除、整条管道双向畅通后，才能敷设电缆。

（2）排管敷设的操作步骤：在疏通排管时可用直径不小于0.85倍管孔内径、长度约600mm的钢管来回疏通，再用与管孔等直径的钢丝刷清除管内杂物。试验棒疏通管路如图10-17所示。

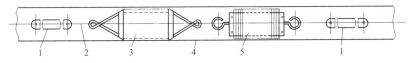

图 10-17　试验棒疏通电缆管路示意图

1—防捻器；2—钢丝绳；3—试验棒；4—电缆导管；5—圆形钢丝刷

敷设在管道内的电缆，一般为塑料护套电缆。为了减少电缆和管壁间的摩擦阻力，便于牵引，电缆入管前可在护套表面涂以中性润滑剂（如凡士林等），润滑剂不得采用对电缆外护套产生腐蚀的材料。敷设电缆时应特别注意，避免机械损伤外护层。

在排管口应套以波纹聚乙烯或铝合金制成的光滑喇叭管以保护电缆，防护喇叭管如图10-18所示。如果电缆盘搁置位置离开工作井口有一段距离，则需在工作井外和工作井内安装滚轮支架组，或采用保护套管，以确保电缆敷设牵引时的弯曲半径，减小牵引时的摩擦阻力，防止损伤电缆外护套。

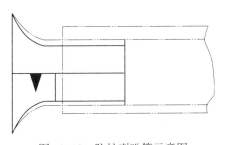

图 10-18　防护喇叭管示意图

润滑钢丝绳。一般钢丝绳涂有防锈油脂，但用作排管牵引、进入管孔前仍要涂抹润滑剂，这不但可减小牵引力，还可防止钢丝绳对管孔内壁的擦损。

牵引力监视。装设监视张力表是保证牵引质量的较好措施，除了克服启动时的静摩擦力大于允许的牵引力外，一般如发现张力过大应找出原因（如电缆盘的转动是否和牵引设备同步，制动有可能未释放），等解决后才能继续牵引。比较牵引力记录和计算牵引力的结果，可判断所选用的摩擦系数是否适当。

排管敷设采用人工敷设时，短段电缆可直接将电缆穿入管内；稍长一些的管道或有直角弯时，可采用先穿入导引铁丝的方法牵引电缆。

管路较长时需用牵引，一般采用人工和机械牵引相结合的方式敷设电缆。将电缆盘放在工作井口，然后借预先穿过管道的钢丝绳将电缆拖拉过管道到另一个工作井。对长度长、质量大的电缆应制作电缆牵引头牵引电缆导体，并计算电缆的侧压力，选用合理的施工方法。在牵引力不超过外护套抗拉强度时，还可用网套牵引。

电缆敷设前后，应用绝缘电阻表测试电缆外护套绝缘电阻，并做好记录，以监视电缆外护套在敷设过程中有无受损，如有损伤采取修补措施。

从排管口到接头支架之间的一段电缆，应借助夹具弯成两个相切的圆弧形状，即形成伸缩弧，以吸收排管电缆因温度变化所引起的热胀冷缩，从而保护电缆和接头免受热机械力的影响。伸缩弧的弯曲半径应不小于电缆允许弯曲半径。

在工作井内的接头用夹具固定，每只夹具应加熟料或橡胶衬垫。

电缆敷设完成后，所有管口应严密封堵，所有备用孔也应封堵。

工作井内的电缆应有防火措施，可以涂防火漆、绕包防火带等。

（3）排管敷设的质量标准及注意事项：

1）电缆排管内径应不小于电缆外径的1.5倍，且最小不宜小于100mm。管道内部必须光滑，管道连接时，管孔应对准，接缝应严密，不得有地下水和泥浆渗入。管道接头相互之间必须错开。

2）电缆管的埋设深度，即自管道顶部至地面的距离，一般地区应不小于0.7m，在人行道下不应小于0.5m，室内不宜小于0.2m。

3）为了便于检查和敷设电缆，应在电缆管直线段每隔50~100m及转弯和分支的地方设置电缆入孔井。入孔井的深度应不小于1.9m，大小应满足施工和运行要求。电缆管应有倾向于入孔井0.1%的排水坡度，电缆接头可放在井坑里。

4）穿入管中的电缆应符合设计要求。交流单芯电缆穿管不得使用铁磁性材料或形成磁性闭合回路材质的管材，以免因电磁感应在钢管内产生损耗。

5）排管内部应无积水，且无杂物堵塞。穿电缆时，不得损伤护层，可采用无腐蚀性的润滑剂。

6）在敷设电缆前，电缆排管应进行疏通，清除杂物。

7）管孔数应按发展需要预留适当备用。

8）电缆芯工作温度相差较大的电缆，宜分别置于适当间距的不同排管组。

9）排管地基应坚实、平整，不得有沉陷。不符合要求时，应对地基进行处理夯实，并在排管和地基之间增加垫块，以免地基下沉损坏电缆。管路顶部土壤覆盖厚度不宜小于0.5m，纵向排水坡度不宜小于0.2%。

10）管路纵向连接处的弯曲度，应符合牵引电缆时不致损伤的要求。

11）管孔端口应有防止损伤电缆的措施。

3. 排管敷设的危险点分析与控制

（1）烫伤、烧伤：①排管敷设作业中，封电缆牵引头、封电缆帽头或对管接头进行热连接处理等动用明火作业时，火焰应远离易燃易爆品，工作人员应穿长袖工作服；②不熟悉喷灯或喷枪使用方法的人员不得擅自使用喷灯；③使用喷枪应先检查本体是否漏气或堵塞，禁止在明火附近进行放气或点火；④喷枪使用完毕应放置在安全地点，冷却后装运；⑤排管敷设作业中，动火作业票应齐全、完善。

（2）机械损伤：①在使用电锯锯电缆时，应使用合格的带有保护罩的电锯；②不准使用无合格防护罩和有裂纹及其他不良情况的砂轮机和无齿锯。

（3）触电：①现场施工电源应采用绝缘导线，并在开关箱的首端处装设合格的漏电保护器；②现场使用的电动工具应按规定周期进行试验合格；③移动式电动设备或电动工具应使用软橡胶电缆，电缆不得破损、漏电。

（4）挤伤、砸伤：①电缆盘运输、敷设过程中应设专人监护，防止电缆盘倾倒；②用滑车敷设电缆时，不要在滑车滚动时用手搬动滑车，工作人员应站在滑车前进方向。

（5）钢丝绳断裂：①用机械牵引电缆时，绳索应有足够的机械强度；②工作人员应站在安全位置，不得站在钢丝绳内角侧等危险地段；③电缆盘转动时，应用工具控制转速。

（6）现场勘查不清：①必须核对图纸，勘查现场，查明可能向作业点反送电的电源，并断开其断路器、隔离开关；②对大型作业及较为复杂的施工项目，勘查现场后，制定"三措"并报有关领导批准后，方可实施。

（7）任务不清：现场负责人要在作业前将人员的任务分工、危险点及控制措施予以明确并交代清楚。

（8）人员安排不当：①选派的工作负责人应有一定的工作经验、较强的责任心和安全意识，并熟练掌握所承担工作的检修项目和质量标准；②选派的工作班成员能安全、保质保量地完成所承担的工作任务。工作人员精神状态和身体条件能够胜任本职工作。

（9）违反监护制度：①被监护人在作业过程中，工作监护人的视线不得离开被监护人；②专责监护人不得做其他工作。

（10）违反现场作业纪律：①工作负责人应及时提醒和制止影响工作的安全行为；②工作负责人应注意观察工作班成员的精神和身体状态，必要时可对作业人员进行适当的调整；③工作中严禁喝酒、谈笑、打闹等。

（11）擅自变更现场安全措施：①不得随意变更现场安全措施；②特殊情况下需要变更安全措施时，必须征得工作负责人的同意，完成后及时恢复原安全措施。

（12）穿越临时遮栏：①临时遮栏的装设需在保证作业人员不能误登带电设备的前提下，方便作业人员进出现场和实施作业；②严禁穿越和擅自移动临时遮栏。

（13）工作不协调：①多人同时进行工作时，应互相呼应、协同作业；②多人同时进行工作，应设专人指挥，并明确指挥方式；③使用通信工具应事先检查工具是否完好。

（14）交通安全：①工作负责人应提醒司机安全行车；乘车人员严禁在车上打闹或将头、手伸出车外；②注意防止随车装运的工器具挤、砸、碰伤乘车人员。

（15）交通伤害：在交通路口、人口密集地段工作时，应设安全围栏、挂标示牌。

三、电缆的沟道敷设

1.电缆沟敷设

封闭式不通行、盖板与地面相齐或稍有上下、盖板可开启的电缆构筑物称为电缆沟。将电缆敷设于预先建设好的电缆沟中的安装方法，称为电缆沟敷设。电缆沟断面如图10-19所示。

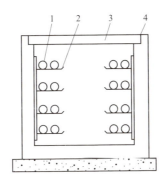

图10-19　电缆沟断面示意图
1—电缆；2—支架；3—盖板；4—沟边齿口

（1）电缆沟敷设的特点：①电缆沟敷设适用于并列安装多根电缆的场所，如发电厂及变电站内、工厂厂区或城市人行道等；②电缆不容易受到外部机械损伤，占用空间相对较小；③根据并列安装的电缆数量，需在沟的单侧或双侧装置电缆支架，敷设的电缆应固定在支架上；④敷设在电缆沟中的电缆应满足防火要求，如具有不延燃的外护套或钢带铠装，重要的电缆线路应具有阻燃外护套的电缆。

地下水位太高的地区不宜采用普通电缆沟敷设，因电缆沟内容易积水、积污，而且清除不方便。电缆沟施工复杂、周期长，电缆沟中电缆的散热条件较差，影响其允许载流量，但电缆维修和抢修相对简单，费用较低。

（2）电缆沟敷设的施工方法：电缆沟敷设作业顺序如图10-20所示。

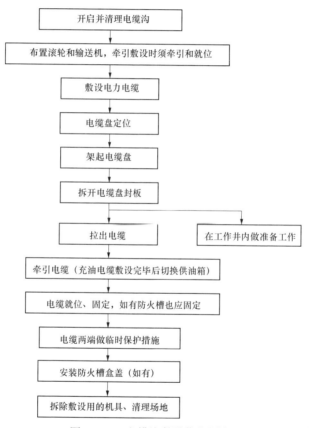

图 10-20　电缆沟敷设作业顺序

1）电缆沟敷设前的准备：①电缆施工前需揭开部分电缆沟盖板，在不妨碍施工人员下电缆沟工作的情况下，可以采用间隔方式揭开电缆沟盖板；②然后在电缆沟底安放滑车，清除沟内外杂物、检查支架预埋情况并修补，并把沟盖板全部布置于沟上面不利展放电缆的一侧，另一侧应清理干净；③采用钢丝绳牵引电缆，电缆牵引完毕后，用人力将电缆定位在支架上；④最后将所有电缆沟盖板恢复原状。

2）电缆沟敷设的操作步骤：施放电缆的方法，一般情况下是先放支架最下层、最里侧的电缆，然后从里到外，从下层到上层一次展放。

电缆沟中敷设牵引电缆，与直埋敷设基本相同，需要特别注意的是，要防止电缆在牵引过程中被电缆沟边或电缆支架刮伤。因此，在电缆引入电缆沟处和电缆沟转角处，必须搭建转角滑车支架，用滚轮组成适当圆弧，减小牵引力和侧压力，以控制电缆弯曲半径，防止电缆在牵引时受到沟边或沟内金属支架擦伤，从而对电缆起到很好的保护作用。

电缆搁在金属支架上应加一层塑料衬垫。在电缆沟转弯处使用加长支架，让电缆在支架上允许适当位移。单芯电缆要有固定措施，如用尼龙绳将电缆绑扎在支架上，每2档支架扎一道，也可将三相单芯电缆呈品字形绑扎在一起。

在电缆沟中应有必要的防火措施。这些措施包括适当的阻火分割封堵，如将电缆接头用防火槽盒封闭，电缆及电缆接头上包绕防火带等阻燃处理，或电缆置于沟底再用黄沙将其覆盖；也可选用阻燃电缆等。

电缆敷设完后，应及时将沟内杂物清理干净，盖好盖板。必要时，应将盖板缝隙密封，以免水、汽、油、灰等侵入。

3）电缆沟敷设的质量标准及注意事项：

电缆沟采用钢筋混凝土或砖砌结构，用预制钢筋混凝土或钢制盖板覆盖，盖板顶面与地面相平。电缆可直接放在沟底或电缆支架上。

电缆固定于支架上，在设计无明确要求时，各支撑点间距应符合相关规定。

电缆沟的内净距尺寸应根据电缆的外径和总计电缆条数决定。电缆沟内最小允许距离应符合相关规定。

电缆沟内金属支架、裸铠装电缆的金属护套和铠装层应全部和接地装置连接。为了避免电缆外皮与金属支架间产生电位差，从而发生交流腐蚀或电位差过高危及人身安全，电缆沟内全长应装设连续的接地线装置，接地线的规格应符合相关规范要求。电缆沟中应用扁钢组成接地网，接地电阻应小于4Ω。电缆沟中预埋铁件应与接地网以电焊连接。

电缆沟中的支架，按结构不同有装配式和工厂分段制造的电缆托架等种类；以材质分，有金属支架和塑料支架。金属支架应采用热浸镀锌，并与接地网连接。以硬质塑料制成的塑料支架又称绝缘支架，具有一定的机械强度并耐腐蚀。

电缆沟盖板必须满足道路承载要求。钢筋混凝土盖板应有角钢或槽钢包边。电缆沟的齿口也应有角钢保护。盖板的尺寸应与齿口相吻合，不宜有过大间隙。盖板和齿口的角钢或槽钢要除锈后刷红丹漆二度，黑色或灰色漆一度。

室外电缆沟内的金属构件均应采取镀锌的防腐措施，室内外电缆沟也可采用涂防锈漆的防腐措施。

为保持电缆沟干燥，应适当采取防止地下水流入沟内的措施。在电缆沟底设不小于0.5%的排水坡度，在沟内设置适当数量的积水坑。

充砂电缆沟内，电缆平行敷设在沟中，电缆间净距不小于35mm，层间净距不小于100mm，中间填满沙子。

敷设在普通电缆沟内的电缆，为防火需要，应采用裸铠装或阻燃性外护套的电缆。

电缆线路上如有接头，为防止接头故障时殃及邻近电缆，可将接头用防火保护盒保护或采取其他防火措施。

电力电缆和控制电缆应分别安装在沟的两边支架上；若不能时，则应将电力电缆安置在控制电缆之下的支架上，高电压等级的电缆宜敷设在低电压等级电缆的上面。

2.电缆隧道敷设

容纳电缆数量较多、有供安装和巡视的通道、全封闭的电缆构筑物称为电缆隧道。将电缆敷设于预先建设好的隧道中的安装方法，称为电缆隧道敷设。电缆隧道断面如图10-21所示。

（1）电缆隧道敷设的特点：①电缆隧道应具有照明、排水装置，并采用自然通风和机械通风相结合的通风方式；②隧道内还应具有烟雾报警、自动灭火、灭火箱、消防栓等消防设备。

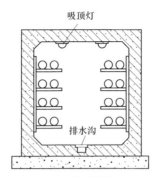

图 10-21　电缆隧道断面示意图

电缆敷设于隧道中，消除了外力损坏的可能性，对电缆的安全运行十分有利；但是隧道的建设投资较大、建设周期较长。

电缆隧道适用的场合一般有：

1）大型发电厂或变电站，进出线电缆在20根以上的区段；

2）电缆并列敷设在20根以上的城市道路；

3）有多回高压电缆从同一地段跨越内河时。

（2）电缆隧道敷设的施工方法：电缆隧道敷设如图10-22所示。

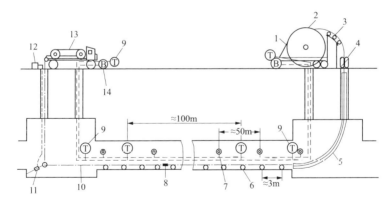

图 10-22　电缆隧道敷设示意图

1—电缆盘制动装置；2—电缆盘；3—上弯曲滑车组；4—履带牵引机；5—波纹保护管；6—滑车；7—紧急停机按钮；8—防捻器；9—对讲电话；10—牵引钢丝绳；11—张力感受器；12—张力自动记录仪；13—卷扬机；14—紧急停机报警器

1）电缆隧道敷设前的准备：电缆隧道敷设一般采用卷扬机钢丝绳牵引和电缆输送机牵引相结合的方法。在敷设电缆前，电缆端部应制作牵引端。将电缆盘和卷扬机分别安放在隧道入口处,并搭建适当的滑车、滚轮支架。在电缆盘处和隧道中转弯处设置电缆输送机,以减小电缆的牵引力和侧压力。

当隧道相邻入口相距较远时,电缆盘和卷扬机安置在隧道的同一入口处,牵引钢丝绳经隧道底部的开口葫芦反向。

电缆隧道敷设,必须有可靠的通信联络设施。

2)电缆隧道敷设的操作步骤:电缆隧道敷设牵引采用卷扬机钢丝绳牵引和输送机(或电动滚轮)相结合的方法时,其间使用联动控制装置。电缆从工作井引入,端部使用牵引端和防捻器。牵引钢丝绳如需应用葫芦及滑车转向,可选择隧道内位置合适的拉环。在隧道底部每隔2~3m安放一只滑车,敷设时关键部位应有人监视。高度差较大的隧道两端部位,应防止电缆引入时因自重产生过大的牵引力、侧压力和扭转应力。隧道中宜选用交联聚乙烯电缆。

电缆敷设时,卷扬机的启动和停车一定要执行现场指挥人员的统一指令。常用的通信联络手段是架设临时有线电话或专用无线通信。

电缆敷设完后,应根据设计施工图规定将电缆安装在支架上。单芯电缆必须采用适当夹具将电缆固定;高压大截面单芯电缆,应使用可移动式夹具以蛇形方式固定。

3)电缆隧道敷设的质量标准及注意事项:电缆隧道一般为钢筋混凝土结构,也可采用砖砌或钢管结构,可视当地的土质条件和地下水位高低而定。一般隧道高度为1.9~2m,宽度为1.8~2.2m。

电缆隧道两侧应架设用于放置固定电缆的支架,电缆支架与顶板或底板之间的距离应符合规定要求。支架上蛇形敷设的电缆应按设计节距用专用金具固定,或用尼龙绳绑扎。电力电缆与控制电缆最好分别安装在隧道的两侧支架上,如果条件不允许时,则控制电缆应该放在电力电缆的下面。

深度较浅的电缆隧道应有两个以上的入孔,长距离一般每隔100~200m应设一入孔。设置入孔时,应综合考虑电缆施工敷设,在敷设电缆的地点设置两个入孔,一个用于电缆进入,另一个供人员进出。近入孔处装设进出风口,在出风口处装设强迫排风装置。深度较深的电缆隧道,两端进出口一般与竖井相连接,并通常使用强迫排风管道装置进行通风。电缆隧道内的通风要求在夏季隧道内温度不超过室外空气温度10℃。

在电缆隧道内设置适当数量的积水坑，一般每隔50m左右设积水坑一个，保证水及时排出。

隧道内应有良好的电气照明设施和排水装置，并采用自然通风和机械通风相结合的通风方式。隧道内还应具有烟雾报警、自动灭火、灭火箱、消防栓等消防设备。

电缆隧道内应装设贯通全长的、连续的接地线，所有电缆金属支架应与接地线连通。电缆的金属护套、铠装除有绝缘要求（如单芯电缆）以外，应全部相互连接并接地，这是为了避免电缆金属护套或铠装与金属支架间产生电位差，从而发生交流腐蚀。

电缆隧道敷设方式选择应遵循以下原则：①同一通道的地下电缆数量众多，电缆沟不足以容纳时应采用隧道；②同一通道的地下电缆数量较多，且位于有腐蚀性液体或经常有地面水流溢的场所，或穿越公路、铁路等地段，宜用隧道；③受城镇地下通道条件限制或交通流量较大的道路下，与较多电缆沿同一路径有非高温的水、气和通信电缆管线共同配置时，可在公用性隧道中敷设电缆。

四、桥梁上的电缆敷设

为跨越河道，将电缆敷设在交通桥梁或专用电缆桥上的电缆安装方式称为电缆桥梁敷设。

1. 桥梁上电缆敷设的特点

在短跨距的交通桥梁上敷设电缆，一般应将电缆穿入内壁光滑、耐燃的管道内，并在桥堍部位设过渡工作井，以吸收过桥部分电缆的热伸缩量。电缆专用桥梁一般为箱形，其断面结构与电缆沟相似。

2. 桥梁上电缆敷设的施工方法

（1）桥梁上电缆敷设前的准备：桥梁上电缆敷设一般采用卷扬机钢丝绳牵引

和电缆输送机牵引相结合的方法。在敷设电缆前，电缆端部应制作牵引头。将电缆盘和卷扬机分别安放在桥箱入口处，并搭建适当的滑车、滚轮支架。在电缆盘处和隧道中转弯处设置电缆输送机，以减小电缆的牵引力和侧压力。在电缆桥箱内安放滑车，清除桥箱内外杂物、检查支架预埋情况并修补，采用钢丝绳牵引电缆，电缆牵引完毕后，用人力将电缆定位在支架上。

（2）桥梁上电缆敷设的操作步骤：电缆桥梁敷设施工方法与电缆沟道或排管敷设方法相似。电缆桥梁敷设的最难点在于两个桥塅处，此位置电缆的弯曲和受力情况必须经过计算确认在电缆允许值范围内，并有严密的技术保证措施，以确保电缆施工质量。

短跨距交通桥梁，电缆应穿入内壁光滑、耐燃的管道内，在桥塅部位设电缆伸缩弧以吸收过桥电缆的热伸缩量。

长跨距交通桥梁人行道下敷设电缆，为降低桥梁振动对电缆金属护套的影响，应在电缆下面每隔1～2m加垫橡胶垫块。在两边桥塅建过渡井，设置电缆伸缩弧，高压大截面电缆应做蛇形敷设。

长跨距交通桥梁箱型电缆通道。当通过交通桥梁电缆根数较多，按市政规划把电缆通道作为桥梁结构的一部分进行统一设计。这种过桥电缆通道一般为箱形结构，类似电缆隧道，桥面应有临时供敷设电缆的入孔。在桥梁伸缩间隙部位，应按桥桁最大伸缩长度设置电缆伸缩弧，高压大截面电缆应做蛇形敷设。

在没有交通桥梁可通过电缆时，应建专用电缆桥。专用电缆桥一般为弓形，采用钢结构或钢筋混凝土结构，断面形状与电缆沟相似。

公路、铁道桥梁上的电缆，应采取防止振动、热伸缩以及风力影响下金属护套因长期应力疲劳导致断裂的措施。

电缆桥梁敷设，除填砂和穿管外，应采取与电缆沟敷设相同的防火措施。

（3）桥梁上电缆敷设的质量标准及注意事项：①木桥上的电缆应穿管敷设；②在其他结构的桥上敷设的电缆，应在人行道下设电缆沟或穿入由耐火材料制成的管道中；③在人不易接触处，电缆可在桥上裸露敷设，但应采取避免太阳直接照射的措施。

悬吊架设的电缆与桥梁架构之间的净距不应小于0.5m。

经常受到振动的桥梁上敷设的电缆，应有防震措施。桥墩两端和伸缩缝处的电缆，应留有松弛部分。

电缆在桥梁上敷设的要求：①电缆及附件的质量在桥梁设计的允许承载范围之内；②在桥梁上敷设的电缆及附件，不得低于桥底距水面的高度；③在桥梁上敷设的电缆及附件，不得有损桥梁及外观。

在长跨距桥桁内或桥梁人行道下敷设电缆的注意事项：①为降低桥梁振动对电缆金属护套的影响，在电缆下每隔1~2m加垫用弹性材料制成的衬垫；②在桥梁伸缩间隙部位的一端，应设置电缆伸缩弧，即把电缆敷设成圆弧形，以吸收由于桥梁主体热胀冷缩引起的电缆伸缩量；③电缆宜采用耐火槽盒保护，全长作蛇形敷设；④在两边桥堍，电缆必须采用活动支架固定。

【思考与练习】

1.按牵引动力进行分类，常用的卷扬机有哪几种？

2.输送机应如何进行维护？

3.电缆直埋敷设的特点是什么？

【知识延伸】

冬天气温骤降，电缆敷设的难度也随之增大，因此需要注意的事项有很多。下面补充介绍一些冬季电缆敷设需注意的事项：

（1）电缆敷设前，需做好充分准备。在冬季施工到来之前，应组织有关施工人员学习施工措施和防范措施，熟悉电缆敷设的施工图及技术文件，并制定严格的冬季施工管理制度，严格执行有关冬季施工的规程、施工措施规定和防范措施规定，确保人、机、物、料顺利过冬，确保工程质量及工程进度不受影响。

（2）在环境气候复杂的地方要有针对性地选择电缆。使用的电缆必须具有优良的电气性能，也有较高的耐热性和耐老化性，针对在土壤中也可以防止腐蚀、潮湿等情况。在地势复杂的地方还可以选用有带铠装的电缆，增强机械强度。有针对性地选用电缆能有效地延长电缆的使用寿命，也能避免以后更多维护方面的麻烦。

（3）气温低于−5℃进行露天作业时，施工现场附近应设取暖休息室，取暖设施应符合防火规定，施工采暖供热设施必须悬挂明显标志，防止人员烫伤。

（4）最好选择在中下午温度较暖的情况下作业，如有条件可在使用前用暖风机等设备提前给产品"热热身"，让产品达到最好性能状态。如果是地埋，可在电缆沟中事先铺上一层保护层，如布料、泡沫。如果是穿管，得事先保证线管内外的光滑，不至于将电线刮伤。尤其要注意选购质量合格的铁管，质量低劣的铁管管内可能有大量锋利的凸起点，极可能将电线外皮刮伤。

（5）每根电缆拉敷完毕后，均需把电缆理齐整平，校对好长度，并把电缆卷起挂在设备附近，不得将电缆随地乱抛，任意踩踏，以免损伤电缆。

电缆的敷设和使用远没有想象中的简单，正确认识电缆和敷设事项永远比以后出了问题再解决要更好，所以一定要熟知影响电缆的各种因素和各种注意事项，为电缆的使用提供最有利的环境，这才是电缆敷设使用的正确方式。

[1] 谢成,等. 配电电缆线路检测技术[M]. 北京：中国电力出版社，2020.

[2] 朱启林,等. 电力电缆故障测试方法与案例分析[M]. 北京：机械工业出版社，2008.

[3] 张淑琴. 110kV及以下电力电缆常用附件安装实用手册[M]. 北京：中国水利水电出版社，2014.

参考文献